Sunil Kumar Mahla
Amandeep Singh
G.S. Sidhu

Estudos sobre o motor diesel alimentado a biogás-biodiesel em modo de duplo combustível

AF524514

Sunil Kumar Mahla
Amandeep Singh
G.S. Sidhu

Estudos sobre o motor diesel alimentado a biogás-biodiesel em modo de duplo combustível

ScienciaScripts

Imprint

Any brand names and product names mentioned in this book are subject to trademark, brand or patent protection and are trademarks or registered trademarks of their respective holders. The use of brand names, product names, common names, trade names, product descriptions etc. even without a particular marking in this work is in no way to be construed to mean that such names may be regarded as unrestricted in respect of trademark and brand protection legislation and could thus be used by anyone.

Cover image: www.ingimage.com

This book is a translation from the original published under ISBN 978-620-2-30249-4.

Publisher:
Sciencia Scripts
is a trademark of
Dodo Books Indian Ocean Ltd. and OmniScriptum S.R.L publishing group

120 High Road, East Finchley, London, N2 9ED, United Kingdom
Str. Armeneasca 28/1, office 1, Chisinau MD-2012, Republic of Moldova, Europe
Managing Directors: Ieva Konstantinova, Victoria Ursu
info@omniscriptum.com

Printed at: see last page
ISBN: 978-620-8-54734-9

Copyright © Sunil Kumar Mahla, Amandeep Singh, G.S. Sidhu
Copyright © 2025 Dodo Books Indian Ocean Ltd. and OmniScriptum S.R.L publishing group

RECONHECIMENTO

Gostaria de expressar os meus agradecimentos ao Dr. G.SSidhu, Diretor do Instituto LalaLajpatRai de Engenharia e Tecnologia de Moga, e ao Dr. S.K Mahla, Diretor do Instituto Adesh de Engenharia e Tecnologia de Faridkot, pela sua orientação e encorajamento. O presente trabalho é a convergência das suas ideias. Trabalhar sob a sua orientação é um prazer imenso e muito útil no contexto do conhecimento.

Gostaria também de agradecer ao Sr. Varun Singla pelo seu apoio, que me supervisionou durante a produção de biodiesel, e ao pessoal do laboratório de motores de combustão interna do Adesh Institute of Engineering & Technology, Faridkot, que me supervisionou durante a estimativa do desempenho e das caraterísticas de emissão do motor C.I.

Estou muito grato aos meus pais, amigos e colegas pelo seu incentivo e apoio na elaboração deste relatório de tese.

AmandeepSingh

R. N.º 1416217

Engenharia Mecânica

M. tecnologia

LLRIET,Moga.

RESUMO

Os biocombustíveis são um bom substituto dos combustíveis derivados do petróleo. O biogás pode ser utilizado em motores de combustão interna, devido à sua melhor capacidade de mistura com o ar e à sua natureza de combustão limpa. O presente estudo foi efectuado sobre o éster metílico do óleo de farelo de arroz como combustível piloto e o biogás como combustível duplo utilizado no motor C.I. As misturas B20, B40 e B60 de éster metílico de farelo de arroz foram utilizadas como combustível injetado e o biogás foi induzido através do coletor de admissão. Os diferentes caudais de biogás em que o gasóleo foi utilizado como combustível piloto foram também comparados com o gasóleo. Os resultados mostram que as caraterísticas de desempenho do modo de combustível duplo para todas as misturas de biodiesel são superiores às do gasóleo a cargas mais elevadas em modo de combustível fixo e duplo com diferentes caudais de biogás. Entre as três misturas de biodiesel B20, B40, B60 no modo de duplo combustível de caudal fixo de biogás, o duplo combustível B40 apresenta o melhor desempenho. Com diferentes caudais de biogás em modo bicombustível, o caudal de 3,1 kg/h dá melhores resultados do que 4,48 kg/h e 3,72 kg/h. Os resultados mostram também que as emissões de monóxido de carbono (CO) e dióxido de carbono (CO_2) do modo de duplo combustível B40 são inferiores às do motor alimentado com outras misturas. No modo bicombustível, o caudal de 3,1 kg/h dá melhores emissões do que 4,48 kg/h e 3,72 kg/h. As emissões de oxigénio (O_2) são superiores às do gasóleo em ambos os casos, no modo de duplo combustível, utilizando misturas de biodiesel com um caudal fixo de biogás. Os resultados mostram que o consumo de gasóleo no caso do modo de duplo combustível diminui 50% em relação ao consumo de gasóleo.

ÍNDICE

NOMENCLATURA

Symbol	Title	unit
CV	Calorific value	(MJ/kg)
CO	Carbon monoxide	
CO_2	Carbon dioxide	
HC	Unburned Hydrocarbon	ppm
O_2	Oxygen	
EGT	Exhaust gas temp	t^0C
BTE	Brake thermal efficiency	%
B20	80% diesel, 20% biodiesel	
B40	60% diesel, 40% biodiesel	
B60	40% diesel, 60% biodiesel	
RBO	Rice bran oil	
BSFC	Brake specific fuel consumption	Kg/kwh
BSEC	Brake specific energy consumption	MJ/kwh
FFA	Free fatty acid	%
BP	Brake power	kW
NO_x	Oxide of nitrogen	
LCV	Calorific value	(MJ/kg)
η	Kinematic viscosity	mm^2s^{-1}
E_1	Nichrome wire weight	mg
E_2	cotton thread weight	gm.
W	water equivalent	Cal/c^0
RBOME	Rice bran oil methyl ester	
KOH	Potassium hydroxide	
NaOH	Sodium hydroxide	
CP	Cloud point	t^0C
m_1	Weight of empty specific gravity bottle	gm.
m_2	Weight of specific gravity bottle with water	gm.
m_3	Weight of specific gravity bottle with oil	gm.
t_1	time t_1 taken by oil to pass through bulb of viscous	

	meter
t_2	time t_2 taken by water to pass through bulb of viscous meter
d_1	Density of oil
d_2	Density of water

CAPÍTULO 1

INTRODUÇÃO

Atualmente, o mundo vive uma crise energética. Na Índia, há falta de energia nas zonas rurais. Por isso, é necessário concentrarmo-nos na resolução deste problema, tanto no que diz respeito ao ambiente como à escassez de petróleo. Os biocombustíveis são as alternativas para substituir o petróleo. O biodiesel, um combustível renovável, é derivado de óleos vegetais e gorduras animais. Os recursos do biodiesel são o óleo não comestível e o óleo comestível. Os motores a gasóleo bicombustível alimentados a biogás podem ser uma panaceia para o problema da escassez aguda de energia, especialmente nas zonas rurais da Índia. O biogás, um combustível renovável, é produzido a partir da fermentação anaeróbica de materiais orgânicos. O principal constituinte combustível do biogás é o metano. O índice de octano mais elevado do biogás torna-o adequado para motores com um rácio de compressão (RC) relativamente mais elevado, a fim de maximizar a eficiência térmica [1]. Além disso, o teor de carbono do biogás é relativamente baixo em comparação com o do gasóleo convencional, o que resulta numa redução dos poluentes [2]. O biogás pode ser utilizado tanto em motores de ignição por compressão (CI) como em motores de ignição por faísca (SI) para a produção de eletricidade.

1.1 Biodiesel

Biodiesel é o nome de um combustível alternativo de combustão limpa produzido a partir de recursos domésticos e renováveis. O biodiesel não contém petróleo, mas pode ser misturado a qualquer nível com gasóleo de petróleo para criar uma mistura de biodiesel. Pode ser utilizado em motores de ignição por compressão (diesel) até 80% sem grandes modificações. O biodiesel é simples de utilizar, biodegradável, não tóxico e essencialmente isento de enxofre e de compostos aromáticos.

Definição técnica:O biodiesel é um combustível composto por ésteres monoalquílicos de ácidos gordos de cadeia longa derivados de óleos vegetais ou gorduras animais, designado B100, e que cumpre os requisitos da ASTM (American Society for Testing & Materials) D 6751.

1.2 Necessidade de biodiesel

Os recursos petrolíferos são finitos e, por conseguinte, a procura de alternativas prossegue em todo o mundo. A maior parte da procura de energia é satisfeita a partir dos recursos energéticos convencionais, como o carvão, o petróleo e o gás natural. Os combustíveis derivados do petróleo são reservas limitadas, concentradas em determinadas regiões do mundo. A escassez de reservas conhecidas de petróleo tornará os recursos energéticos renováveis, como o biodiesel, mais atractivos. Os biocombustíveis, como o etanol e o biodiesel, sendo amigos do ambiente, ajudar-nos-ão a diminuir as normas de emissão. A experiência internacional demonstrou as vantagens da utilização do etanol e do metanol como combustível para automóveis. Uma vez que as misturas inferiores a 20% de biodiesel não apresentam qualquer problema e reduzem as emissões nocivas. Os gases emitidos pelos veículos a gasolina e a gasóleo têm um efeito negativo no ambiente e na saúde humana. É necessário reduzir essas emissões, adoptando formas de as reduzir sem afetar o processo de crescimento e desenvolvimento. Uma das formas de o conseguir é através da utilização de biodiesel e da sua mistura com o gasóleo.

1.3 Diferentes métodos de produção de biodiesel

1.3.1 Mistura direta

Neste método, os óleos vegetais são misturados diretamente com o gasóleo.

1.3.2 Transesterificação

Para obter biodiesel, o óleo vegetal ou a gordura animal é submetido a uma reação química designada por

$$\begin{array}{l} CH_2\text{-}O\text{-}C(=O)\text{-}R \\ | \\ CH\text{-}O\text{-}C(=O)\text{-}R \\ | \\ CH_2\text{-}O\text{-}C(=O)\text{-}R \end{array} + 3\ R'OH \xrightarrow{\text{Catalyst}} 3\ R'\text{-}O\text{-}C(=O)\text{-}R + \begin{array}{l} CH_2\text{-}OH \\ | \\ CH\text{-}OH \\ | \\ CH_2\text{-}OH \end{array}$$

Éster alquílico de álcool do triacilglicerol Transesterificação do glicerol. Nesta reação, o óleo vegetal ou a gordura animal reage na presença de um catalisador (normalmente uma base como o NaOH) com um álcool (normalmente metanolCH_3OH) para dar os ésteres alquílicos (ou, no caso do metanol, os ésteres metílicos) da mistura de FA (ácidos gordos) que se encontra no óleo vegetal ou na gordura animal de origem.

1.3.3 Pirólise (cracking)

O cracking térmico ou pirólise é o processo que provoca a quebra das moléculas por aquecimento a altas temperaturas, ou seja, pelo aquecimento da substância na ausência de ar ou oxigénio a temperaturas superiores a 450°C, formando uma mistura de compostos químicos com propriedades muito semelhantes às do gasóleo. Em algumas situações esse processo é suportado por um catalisador para a quebra das ligações químicas, de modo a gerar moléculas mais pequenas. As gorduras podem ser pirolisadas para a produção de compostos de cadeia mais pequena. A pirólise de gorduras tem sido investigada há mais de 100 anos, especialmente em países com pequenas reservas de petróleo. Os catalisadores típicos a serem utilizados na pirólise são o óxido de silício SiO2 e o óxido de alumínio Al2O3. O equipamento para pirólise ou craqueamento térmico é caro. No entanto, os produtos são quimicamente semelhantes ao gasóleo. A remoção do oxigénio do processo reduz os benefícios de um combustível oxigenado, reduzindo os seus benefícios ambientais e produzindo normalmente um combustível mais próximo da gasolina do que do gasóleo. Pela nomenclatura internacional, o combustível produzido pelo craqueamento térmico não é considerado biodiesel, apesar de ser um biocombustível semelhante ao óleo diesel. O craqueamento tem grande aplicabilidade em locais que necessitam de menor volume de produção e com menor disponibilidade de mão de obra qualificada. O cracking catalítico ou térmico produz uma mistura de hidrocarbonetos condensados com rendimento de cerca de 80% numa fase orgânica. Existe uma fase aquosa, cerca de 5% a 10% e o restante são gases. O cracking tem como ponto forte a ausência de formação de compostos aromáticos, de grande potencial poluente.

1.4 Motor diesel bicombustível

Os motores de combustão interna convencionais funcionam com um único combustível, líquido ou gasoso. No entanto, os motores diesel bicombustíveis a biogás funcionam com combustível líquido e gasoso em simultâneo. Isto deve-se ao facto de a temperatura atingida no final do curso de compressão no interior da câmara de combustão dos motores de combustão interna ser de cerca de 553 K. No entanto, a temperatura de auto-ignição do biogás é de cerca de 1087 K [3]. Por conseguinte, a simples compressão da mistura biogás-ar não inflamará a carga. Por conseguinte, deve ser fornecida uma pequena quantidade de combustível líquido que se inflama inicialmente e actua como fonte de ignição do biogás. O combustível líquido utilizado é designado por combustível-piloto. O combustível gasoso, ou seja, o biogás, é designado por combustível primário, com o qual o motor funciona principalmente. Verifica-se que, num motor bicombustível, a combustão começa da mesma forma que num motor de ignição por compressão. No entanto, na parte final da combustão, a chama propaga-se de uma forma semelhante à de um motor SI. É possível conseguir uma substituição do gasóleo até 85% utilizando biogás [4].

1.5 Combustível piloto e sua importância

O combustível piloto tem uma enorme influência na combustão de combustível duplo, uma vez que desencadeia o processo de combustão. O processo de combustão de um motor diesel bicombustível a biogás é mais complexo do que a combustão de um único combustível. Antes da ignição do combustível piloto, a mistura de biogás e ar sofre uma reação química de pré-ignição durante o curso de compressão relativamente mais longo. A reação de pré-ignição resulta na formação de radicais activos e de produtos de combustão parcial que se acredita afectarem a ignição do combustível piloto injetado. O farelo de arroz é o óleo vegetal não comestível menos utilizado, disponível em grande quantidade nos países que cultivam arroz, e muito pouca investigação tem sido feita para utilizar este óleo como substituto do gasóleo mineral. A injeção direta de óleo de farelo de arroz não pode ser feita devido à sua elevada viscosidade. Assim, para reduzir a viscosidade do óleo de farelo de arroz, é necessário efetuar a transesterificação. Em primeiro lugar, calcula-se o teor de AGL para saber que tipo de catalisador é utilizado, alcalino ou ácido. Em seguida, calcula-se a razão molar óptima entre o metanol e o óleo.

1.6Vantagens do motor bicombustível

- Não são necessárias grandes modificações no motor.
- O funcionamento apenas com gasóleo é possível quando o biogás não está disponível.
- Qualquer contribuição de biogás de 0% a 85% pode substituir uma parte correspondente de gasóleo, mantendo-se o desempenho como no funcionamento a 100% com gasóleo.
- Devido à existência de um regulador na maioria dos motores diesel, o controlo automático da velocidade/potência pode ser efectuado alterando a quantidade de injeção de combustível diesel, enquanto o fluxo de biogás permanece sem controlo. As substituições de gasóleo por biogás são menos substanciais neste caso.

1.8 Aplicação do motor bicombustível

O biogás pode ser utilizado tanto em veículos pesados como em veículos ligeiros. Os veículos ligeiros podem normalmente funcionar com biogás sem quaisquer modificações, ao passo que os veículos pesados sem controlo em circuito fechado podem ter de ser ajustados, se funcionarem com biogás. Os motores diesel requerem uma combinação de biogás e gasóleo para a combustão. A utilização do biogás como combustível para motores oferece várias vantagens. Sendo um combustível limpo, o biogás provoca uma combustão limpa e evita a contaminação do óleo do motor. O biogás não pode ser utilizado diretamente nos automóveis porque contém outros gases como o CO_2, o H_2S e o vapor de água. Para a utilização do biogás como combustível para veículos, este é primeiro melhorado através da remoção de impurezas como o CO_2, H_2S e vapor de água. Após a remoção das impurezas, é comprimido num compressor de três ou quatro fases até uma pressão de 20 MPa e armazenado numa cascata de gás, o que ajuda a facilitar o reabastecimento rápido das garrafas. Se o biogás não for comprimido, o volume de gás contido na garrafa será menor, pelo que o motor funcionará durante um curto período de tempo.

1.9 Objectivos do presente trabalho

É evidente que o efeito de misturas de biodiesel de óleo de farelo de arroz com biogás em motores diesel de combustível duplo continua a ser uma área menos estudada. Verifica-se que é necessário um estudo mais aprofundado a este respeito, especialmente com a inclusão da análise da combustão do biogás no modo de combustível duplo, tendo em conta a compreensão científica e a importância comercial. Tendo em conta o que precede, o presente trabalho tem por objetivo investigar o desempenho e a análise das emissões de um motor diesel monocilíndrico bicombustível que utiliza biogás em várias condições. Para colmatar a lacuna de conhecimento mencionada na investigação publicada sobre motores de combustível duplo, o objetivo do presente trabalho de investigação foi formulado para

1. Produção de biodiesel a partir de óleo de farelo de arroz e estudo das suas propriedades físico-químicas antes do ensaio em motor de ignição por compressão.

2) Estudar as caraterísticas do desempenho e das emissões de um motor diesel monocilíndrico em modo de funcionamento bicombustível utilizando gasóleo de base e misturas de biodiesel de óleo de farelo de arroz não comestível em condições de carga variável com um caudal de gás ótimo e um caudal de gás variável em condições de carga diferentes.

CAPÍTULO 2

REVISÃO DA LITERATURA

2.1 INTRODUÇÃO

O principal objetivo desta revisão da literatura é fornecer informação de base sobre as questões a considerar nesta investigação e realçar a relevância do presente estudo. Foi realizada uma pesquisa bibliográfica intensiva a partir de fontes disponíveis sobre a utilização de diferentes combustíveis alternativos, como o óleo vegetal e as suas misturas, o biodiesel e as suas misturas no motor diesel, principalmente com ênfase específica em vários combustíveis gasosos, independentemente dos combustíveis piloto, no modo de combustível duplo do motor diesel. Este capítulo contém, de forma resumida, uma descrição actualizada das actividades de investigação na área do funcionamento do motor diesel com dois combustíveis, utilizando vários combustíveis gasosos com combustíveis-piloto, incluindo o motor diesel operado em modo simples. Muitos investigadores realizaram numerosos estudos para investigar o efeito do tipo de combustíveis alternativos nos parâmetros de emissão, como monóxido de carbono (CO), hidrocarbonetos (HC), dióxido de carbono (CO_2), óxido de azoto (NOx), fumos e partículas (PM), e nos parâmetros de desempenho, como eficiência térmica do travão (BTE), consumo específico de combustível do travão (BSFC), consumo específico de energia do travão (BSEC), temperatura dos gases de escape (EGT) e parâmetros de combustão, como taxa de libertação de calor, taxa de aumento da pressão e período de atraso da ignição, etc., do motor bicombustível. Estas experiências são realizadas pelos investigadores em diferentes motores de ensaio de vários combustíveis gasosos com combustíveis piloto. Este capítulo inclui análises de relatórios de investigação disponíveis sobre:

De acordo com B.J. Bora, U.K. Saha [5] Os resultados deste estudo piloto de combustível em modo de combustível duplo indicaram que o biogás de éster metílico de óleo de farelo de arroz (RBME) produziu uma eficiência máxima de 19,97% em comparação com 18,4% e 17,4% para o biogás de éster metílico de óleo de pongâmia (PME) e o biogás de éster metílico de óleo de palma (POME), respetivamente a 100% de carga. Para as mesmas condições de carga e no mesmo modo, a substituição máxima de combustível líquido é de 79%, 78% e 77%, respetivamente para o biogás RBME, o biogás PME e o biogás POME. O estudo das emissões revelou que, no modo de duplo combustível, há um aumento das emissões de CO de 25,74% e 32,58% para o biogás PME e o biogás POME, respetivamente, em comparação com o biogás RBME. Além disso, as emissões de HC para PME-biogás e POME-biogás aumentaram 11,73% e 16,27%, respetivamente, em comparação com RBME-biogás. Por outro lado, verifica-se uma diminuição das emissões de NOX de 5,8% e 14%, respetivamente, para o biogás PME e o biogás POME, em comparação com o éster metílico do óleo de farelo de arroz. As emissões de CO2 do biogás PME- e do biogás POME também diminuíram em 23,1% e 31,83%, respetivamente, em comparação com o éster metílico do óleo de farelo de arroz. Assim, a combustão dupla biodiesel-biogás é uma tecnologia promissora que oferece baixas emissões de NOX e de partículas com uma eficiência marginalmente inferior à do gasóleo.

De acordo com A.K. Agarwal [6], os ésteres metílicos de óleos vegetais apresentaram caraterísticas de desempenho e de emissões comparáveis às do gasóleo. Uma mistura de 20% de biodiesel com gasóleo mineral melhorou o número de cetano do gasóleo. Verificou-se que o valor calorífico do biodiesel era ligeiramente inferior ao do gasóleo mineral. Todos estes testes para a caraterização do biodiesel demonstraram que quase todas as propriedades importantes do biodiesel estão em concordância muito próxima com o gasóleo mineral, tornando-o um candidato potencial para a aplicação em motores de ignição por compressão. A mistura de 20% de biodiesel foi considerada a concentração óptima para a mistura de biodiesel, que melhorou a eficiência térmica máxima do motor em 2,5%, reduziu substancialmente as emissões de escape e o consumo específico de energia na travagem. As emissões de fumo diminuíram consideravelmente em resultado da utilização de biodiesel no motor. Verificou-se que a esterificação é uma técnica eficaz para evitar alguns problemas a longo prazo associados à utilização de óleos vegetais, como o entupimento do filtro de combustível, a coqueificação do injetor, a formação de depósitos de carbono na câmara de combustão, a colagem dos anéis e a contaminação dos óleos lubrificantes. Os depósitos de carbono no topo do pistão e o coqueamento do injetor reduziram substancialmente no sistema alimentado a biodiesel. O desgaste de várias peças vitais reduziu-se até 30% devido às propriedades adicionais de lubrificação do biodiesel.

De acordo com B.S. Chauhan et al. [7], os resultados experimentais mostram que o desempenho do motor com biodiesel de Jatropha e as suas misturas eram comparáveis ao desempenho com gasóleo. Os óxidos de azoto do biodiesel de pinhão-manso durante toda a gama de experiências foram superiores aos do combustível para motores diesel. Durante o funcionamento do motor com biodiesel e suas misturas, as emissões como o CO, a densidade dos fumos e os HC foram reduzidas em comparação com o gasóleo. Estas reduções das emissões podem dever-se à combustão completa do combustível. Os resultados das experiências sugerem que o biodiesel de óleo não comestível como a Jatropha pode ser um bom combustível de substituição para o motor diesel num futuro próximo, no que diz respeito à produção descentralizada de energia.

De acordo com M.F. Demirbas et al. [8], a bioenergia contribui atualmente para 10-15% (aproximadamente 45 EJ) da utilização mundial de energia e vários países estabeleceram objectivos para a utilização de combustíveis produzidos a partir da biomassa. Vários estudos de cenários sugerem quotas de mercado potenciais da biomassa moderna até ao ano 2050 de cerca de 10- 50%.

A utilização dos recursos de biomassa será um dos factores mais importantes para a proteção ambiental no século XXI. A biomassa absorve CO_2 durante o crescimento e emite-o durante a combustão. Por conseguinte, a biomassa ajuda a reciclagem do CO_2 atmosférico e não contribui para o efeito de estufa.

De acordo com Jiang Chang-qiu, Liu Tian-weiet al.[9] Através de experiências e análises, ficou provado que a aplicação do biogás como combustível para motores bicombustível diesel-biogás é viável e económica. A poupança de óleo obtida com a ligação direta do biogás a alta pressão ao motor é inferior à obtida com a ligação do biogás a baixa pressão. Além disso, o motor que liga biogás a alta pressão produz um ruído mais forte do que o que liga biogás a baixa pressão.

De acordo com a engenharia de bio-sistemas [10], o desempenho de remoção de H_2S dos meios à base de resíduos de jardim foi afetado pela dimensão das partículas e pelo teor de humidade. Em comparação com um produto comercial, a esponja de ferro com resíduos de jardim triturados ou digeridos como material de suporte do meio teve um desempenho comparável na remoção de H_2S com a sua dimensão óptima de partículas e/ou teor de humidade. Entretanto, a esponja de ferro com o material de suporte de tabaco usado apresentou um fraco desempenho na remoção de H_2S. Os resíduos de jardim digeridos podem ser o melhor material de suporte alternativo da esponja de ferro para a remoção de H_2S, especialmente considerando que os resíduos de jardim são também uma matéria-prima para a produção de biogás.

De acordo com Bhabaniprasannapattanaik [11], os resultados dos ensaios mostraram um consumo específico de combustível do motor superior a 20% e 40% da carga e, comparativamente, um BSFC muito inferior a cargas mais elevadas do motor. Além disso, o BSFC no modo de combustível duplo foi superior ao do modo de combustível único a 20% e 40% de carga, mas é quase igual para ambos os modos a cargas mais elevadas do motor.

A eficiência térmica do travão do motor de ensaio no modo de combustão bicombustível para ambos os combustíveis-piloto foi inferior à do modo de combustão monocombustível a todas as cargas do motor. Verificou-se também que, em condições de carga elevada, isto é, acima de 60% da carga do motor, o BTE era mais elevado no modo de combustão de combustível único do que no modo de combustão de combustível duplo.

As emissões de CO do motor de ensaio foram mais elevadas tanto para o gasóleo como para o KOBD no modo de combustão de combustível único em comparação com o modo de combustão de combustível duplo. Os resultados indicam também um aumento quase linear das emissões de CO com o aumento da carga do motor nos modos de combustão simples e dupla. Por outro lado, os resultados mostraram uma diminuição linear das emissões de HC no modo de combustão dupla e um aumento linear das mesmas no modo de combustão de combustível único com o aumento da carga do motor.

As emissões de NOX do motor aumentam linearmente com o aumento da carga do motor, tanto no modo de combustão com um combustível como no modo de combustão com dois combustíveis. Em especial, as emissões de NOx foram mais elevadas no modo de funcionamento com um único combustível do que no modo de funcionamento com dois combustíveis. No modo de funcionamento com um único combustível, a concentração de emissões de NOx para o KOBD é superior à do gasóleo.

De acordo com Debabrata-Barik [12], a depuração com água é um método simples, contínuo e económico. Este método permite obter 87,6% e 100% de metano puro com caudais de biogás de 2m3/h e 1,8m3/h, respetivamente. O estudo mostra que as membranas de Monsanto e de acetato de celulose proporcionam a melhor separação de CO_2, O_2 e H_2S a uma pressão e temperatura de 5,5 bar e 25°C. A separação criogénica permite obter metano com 97% de pureza através da condensação do CO_2 a -45 °C. No funcionamento da SI de biogás, a eficiência térmica é melhorada de 26,2% para 30,4%, quando há uma redução de 21% de CO_2 no biogás. Recomenda-se que a alimentação dupla seja a melhor opção para o funcionamento do biogás CI. A redução de 15% de CO_2 no biogás para o abastecimento duplo aumenta a eficiência térmica em 22%. Além disso, os níveis de HC e de fumo são significativamente reduzidos.

De acordo com N.N. Mustafi et al. [13]

- O BSFC aumentou à medida que o biogás foi introduzido no motor. Verificou-se que o aumento da BSFC era proporcional à quantidade de CO_2 presente nos biogases simulados. Quando os resultados são apresentados numa base energética, BSEC, verifica-se que são semelhantes entre si.

- Registou-se uma pressão máxima do cilindro semelhante para o gasóleo (alta) e o abastecimento duplo, independentemente da qualidade do gás combustível nas condições de funcionamento do motor. No caso do duplo abastecimento, verificou-se também que a pressão máxima do cilindro ocorre mais tarde no ciclo quando comparada com o abastecimento DH. Foi calculado um período de atraso de ignição mais longo para as condições de baixa carga de gasóleo e de duplo combustível em comparação com as condições de alta carga de gasóleo. A presença de mais CO_2 no combustível gasoso também causou um atraso maior na ignição.

- Foram obtidas taxas máximas de libertação líquida de calor cerca de 27% e 30% mais elevadas para o abastecimento de D (gasóleo) + GN (gás natural) e D + BG (biogás), respetivamente, em comparação com o abastecimento de gasóleo.

- As emissões específicas de NOx para o abastecimento duplo foram sempre inferiores às das condições de abastecimento de gasóleo. Verificou-se que a concentração específica de NOx foi reduzida em cerca de 9 a 12% para diferentes condições de abastecimento D + BG.

- Com a introdução do combustível gasoso, as emissões específicas de UHC aumentaram acentuadamente em comparação com o abastecimento de base com gasóleo. Quando comparado com o abastecimento D + GN e D + BG, as emissões específicas de UHC aumentaram rapidamente neste último caso, o que pode ser proporcional ao teor de CO2 no biogás.

- As emissões de massa de partículas foram substancialmente reduzidas no caso do duplo abastecimento, independentemente da sua qualidade. Neste estudo, foram obtidas reduções de cerca de 70% nas emissões de partículas. Observam-se resultados semelhantes para o abastecimento D + GN e D + BG.

De acordo com A. Demirbas [14], os biocombustíveis tornaram-se mais atractivos recentemente devido aos seus benefícios ambientais. A adição de etanol à gasolina aumentou o binário do motor, a potência e o consumo de combustível e reduziu as emissões de monóxido de carbono (CO) e de hidrocarbonetos (HC). Em geral, o biodiesel aumenta as emissões de NOx quando utilizado como combustível no motor diesel. As emissões de biodiesel (B20 e B100) para veículos de ignição por compressão (diesel) do mesmo modelo aumentaram de 1,86 para 2,23, respetivamente.

De acordo com B.B. Sahoo et al. [15], a utilização de combustível gasoso como substituto do gasóleo num modo de funcionamento com dois combustíveis

- A eficiência térmica melhora com o aumento da velocidade do motor. Rácios de equivalência ligeiramente mais elevados para uma dada condição de velocidade dos motores bicombustíveis.

- A pressão máxima de combustão é ligeiramente superior à do gasóleo a velocidade constante do motor.

- A taxa de aumento da pressão diminui com o aumento da velocidade do motor e é superior à do gasóleo caso.

- A melhoria da eficiência térmica é conseguida através do avanço do tempo de injeção no motor diesel bicombustível.

- O avanço do tempo de injeção a cargas médias e elevadas conduziu a um bloqueio precoce.

- Aumento das emissões de NOx e redução das emissões de CO e UBHC com o avanço do tempo de injeção.

- O aumento da quantidade de combustível piloto permite melhorar a eficiência térmica e o binário de saída.

- O aumento da massa de combustível piloto resulta numa pressão de combustão máxima mais elevada, mas numa taxa de aumento de pressão máxima reduzida.

- Batimento precoce com o aumento da quantidade de combustível piloto a cargas elevadas.

- O aumento do combustível piloto e a redução do combustível primário reduzem os fenómenos de detonação.

- Maior NOx e reduções de CO e UBHC através do aumento da quantidade de combustível piloto.

- A batida começa mais cedo quando é utilizada uma taxa de compressão elevada.

- O aumento da taxa de compressão aumenta geralmente o ruído de combustão.

De acordo com K.A. Subramanian et al.[16]

- Para os países em desenvolvimento como a Índia, um programa de biodiesel traria múltiplos benefícios em termos de criação de emprego para as populações pobres/rurais, para os agricultores de cana-de-açúcar, de alavancagem do arranque de muitos tipos de indústrias que utilizam produtos derivados dos biocombustíveis, etc.

- É necessário prestar uma atenção considerável ao aumento da produção de etanol para cumprir o programa proposto de biocombustível para automóveis. Uma política uniforme a nível nacional poderia ser útil.

De acordo com N. Tippayawong [17], o efeito do funcionamento com biogás e gasóleo e a sua resistência após 2000 horas num motor a gasóleo foram analisados experimentalmente e foi demonstrado que é possível obter uma taxa de substituição do biogás superior a 90%. Foi também revelado que o funcionamento com biocombustível tinha uma potência ligeiramente superior à do funcionamento normal com gasóleo em cerca de 7%, em média. No que diz respeito à conversão de energia, o funcionamento com duplo combustível mostrou uma eficiência superior à do funcionamento normal com gasóleo numa gama de velocidades do motor consideradas. Isto é encorajador para um acoplamento direto do motor a um gerador de eletricidade, uma vez que se obteve um desempenho comparável entre os dois. No que diz respeito ao ensaio de durabilidade do motor, a utilização do funcionamento bicombustível biogás/diesel até às primeiras 2000h não pareceu afetar negativamente o desempenho e o desgaste do motor. Durante este período, observou-se que o motor não registou alterações significativas na potência de saída e na eficiência energética. Não foi detectado um desgaste invulgar nos componentes críticos. Embora tenha havido um pequeno grau de acumulação de depósitos de carbono no interior da câmara de combustão, verificou-se que a manutenção e a assistência técnica periódicas resolveram este problema.

As emissões de CO específicas do travão no funcionamento com dois combustíveis são consideravelmente mais elevadas do que as do gasóleo em todas as condições de ensaio. Isto deve-se à combustão incompleta causada pela diluição da carga pelo CO_2 presente no biogás e pela deficiência de oxigénio. Assim, a chama formada na região de ignição do combustível piloto é normalmente suprimida e não prossegue até que a mistura biogás-combustível-ar atinja um valor limite mínimo para a auto-ignição [18,19].

A emissão de CO é mais elevada em cerca de 24% com o biogás, a um caudal de 1,2 kg/h a plena carga, em comparação com o gasóleo, ao passo que apenas se observa um aumento de 17% na emissão de CO com o biogás a um caudal de 0,9 kg/h a plena carga, em comparação com o gasóleo. A má formação da mistura de combustível gasoso e líquido pode também ser outra razão para a maior emissão de CO [20].

2.1 Observações finais da revisão da literatura acima referida

Os factos citados em artigos publicados relevantes foram analisados e verificou-se que as seguintes caraterísticas salientes não foram devidamente abordadas.

- Foram realizados muitos trabalhos de investigação sobre o modo de combustível duplo do motor utilizando vários combustíveis gasosos, como o biogás, o gás natural, o GPL e o hidrogénio. No entanto, foram publicados poucos trabalhos sobre o biogás com óleo vegetal e o seu biodiesel como combustível piloto.

- A maior parte dos trabalhos foi efectuada sobre a análise do desempenho, da combustão e das emissões de motores diesel monocilíndricos e multicilíndricos em modo de funcionamento simples e duplo. Mas, em particular no que respeita aos motores de dois ou mais cilindros, que têm um grande potencial de utilização na agricultura e em pequenas unidades descentralizadas de produção de energia, não foi publicado nenhum trabalho sobre o modo de duplo combustível utilizando biogás e óleo vegetal.

- Foram realizados muitos trabalhos de investigação sobre a aplicação de biogás e o seu efeito no desempenho e nas caraterísticas de emissão do motor diesel em modo duplo com variação da composição do gás, velocidade do motor, carga do motor, pressão de injeção do motor. Mas o efeito da variação do caudal de gás no desempenho e nas caraterísticas de emissão do motor em diferentes condições de carga não foi comunicado.

- Uma grande variedade de óleos vegetais não comestíveis e o seu biodiesel, como o óleo de Jatropha e o óleo de Neem, têm sido utilizados por muitos investigadores como combustíveis-piloto com gás de produção em modo de combustível duplo para motores. Não há registo de qualquer trabalho relativo a misturas de óleo de farelo de arroz e respetivo biodiesel como combustível piloto

com gás de produção no modo de duplo combustível do motor.

CAPÍTULO 3

MATERIAIS E MÉTODOS

3.1 Método de estudo

Foram selecionados para estudo o éster metílico do óleo de farelo de arroz e o biogás. Isto deve-se ao facto de estes dois combustíveis estarem facilmente disponíveis na Índia e serem rentáveis. São efectuadas diferentes experiências para determinar as caraterísticas físicas e químicas do óleo, transesterificado e misturado. Para a presente investigação, foi considerado um motor diesel de um cilindro, dado que tem um grande potencial futuro para utilização na agricultura e em pequenas unidades de produção de eletricidade. Estuda-se o desempenho e o estudo das emissões deste motor utilizando misturas de óleo de farelo de arroz e o seu biodiesel com biogás como combustível em modo de funcionamento normal em diferentes condições de ensaio do motor. As condições de ensaio são o caudal de gás ótimo e a carga variável e o caudal de gás variável à carga óptima. Toda a atividade de investigação foi planeada de acordo com a sequência apresentada a seguir.

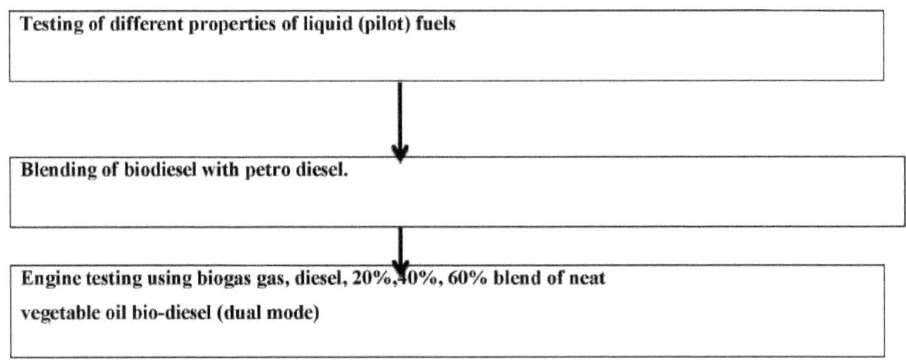

Fluxograma da atividade de investigação

3.2 Produção de biogás

O biogás é produzido através da extração de energia química de materiais orgânicos num recipiente fechado chamado digestor. A geração de biogás é o conceito de digestão anaeróbica, também chamada de gaseificação biológica. Trata-se de um processo microbiano natural que converte a matéria orgânica em metano e dióxido de carbono. A reação química tem lugar na presença de bactérias metanogénicas

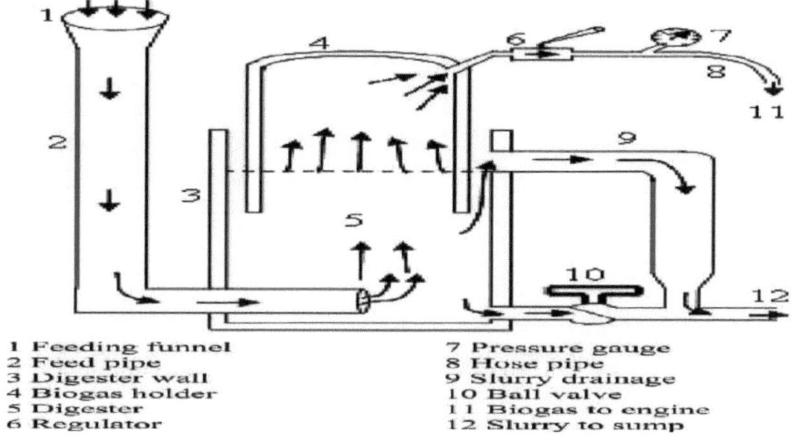

Fig 3.1 Esquema da central de biogás (D. Barik, S. Murugan / Energy 72 (2014))

bactérias com a água como meio essencial. O processo de digestão anaeróbia, como o nome indica, funciona sem oxigénio molecular. Idealmente, numa unidade de biogás não deve existir oxigénio no digestor. A remoção do oxigénio do digestor é importante por duas razões principais. Em primeiro lugar, a presença de oxigénio leva à criação de água e não de metano. Em segundo lugar, o oxigénio é um contaminante do biogás e também um risco potencial para a segurança. Devido à presença de oxigénio, o poder calorífico do biogás torna-se baixo. A produção diária de biogás pode também ser aumentada através da adição de bactérias produtoras de hidrogénio ao chorume de alimentação do digestor [21, 22].

3.3Composição: A composição geral do biogás é metano, dióxido de carbono, hidrogénio, nitrogénio, vapor de água e vestígios de sulfureto de hidrogénio, como se mostra no quadro 1.

Quadro 3.1 Composição do biogás (Fonte (Karki et al, 2005)

Components	Amount %
methane	50-70
carbon dioxide	30-40
hydrogen	5-10
nitrogen	1-2
water vapours	0.3
hydrogen sulphide	traces

Fig 3.2 Fotografia direta da unidade de biogás na AIET Faridkot

3.4 Extração de biodiesel de farelo de arroz por transesterificação

No presente estudo, a transesterificação catalisada por bases (catalisador: KOH, NaOH) é utilizada para preparar biodiesel a partir de óleo de farelo de arroz. Foi utilizado álcool metílico (Merck) com 99,5% de pureza (densidade: 0,791-0,792 kg/l). A lavagem do biodiesel assim produzido é essencial para remover as impurezas e o catalisador residual, que podem ser prejudiciais para os motores de combustão. Na experiência, a transesterificação e a lavagem do biodiesel foram objeto de um estudo aprofundado. Para a transesterificação,

1 litro de óleo de farelo de arroz foi aquecido a 65^0C num balão de fundo redondo. O catalisador (KOH/ NaOH- 0,5% w/w de óleo) foi dissolvido em álcool metílico (270 ml), e este foi vertido no balão de fundo redondo contendo o óleo de farelo de arroz aquecido enquanto se agitava a mistura continuamente [23].

O óleo de farelo de arroz foi extraído do gérmen e da casca interna do arroz e contém gordura mono-insaturada, poli-insaturada e saturada de 47%, 33% e 20%, respetivamente. A composição de vários ácidos gordos do óleo de farelo de arroz cru foi encontrada como ácido palmítico, ácido esteárico, ácido oleico, ácido linoleico, ácido linolénico, ácido araquídico e ácido beénico a 15%, 1,9%, e 42,5%, 39%, 1,1%, 0,5% e 0,2%, respetivamente. O processo de transesterificação foi utilizado para obter biodiesel a partir do óleo de farelo de arroz utilizando um álcool e uma base. O álcool substitui os triglicéridos em glicerol e três ésteres de ácidos gordos do óleo de farelo de arroz na presença de um catalisador [24]. A formação de glicerol tem lugar, resultando na produção de éster etílico de farelo de arroz. O glicerol foi então cuidadosamente removido utilizando uma ampola de decantação e o éster metílico do óleo de farelo de arroz foi lavado com água destilada a 5%. Por este processo, foram obtidos 84% de RBME [25, 26]. As várias propriedades como o ponto de inflamação, o ponto de fogo, o valor calorífico, a viscosidade cinemática, a densidade e o número de cetano foram estudadas para o gasóleo e o éster metílico de óleo de farelo de arroz.

3.5 Formação de biodiesel a partir de óleo de farelo de arroz bruto (na A.I.E.T FARIDKOT)

1. Transesterificação do óleo de farelo de arroz com metanol e NaOH ou KOH utilizados como catalisadores.

2. Foram optimizadas diferentes proporções molares de óleo de farelo de arroz para metanol e % de catalisador (w/w óleo).

3. Colocam-se 500 ml de amostra de óleo num copo. A amostra de óleo foi aquecida a 55^0C.

4. Adicionou-se 135 ml de metanol a um balão diferente e 2,5 g de NaOH. Tapar o frasco e agitar

constantemente até à mistura adequada da solução de metóxido num agitador magnético.

5. Foi utilizado um agitador elétrico para a reação da solução de óxido de metilo e do óleo a uma temperatura constante de 55^0C e a uma velocidade constante de 700 r.p.m durante uma hora.

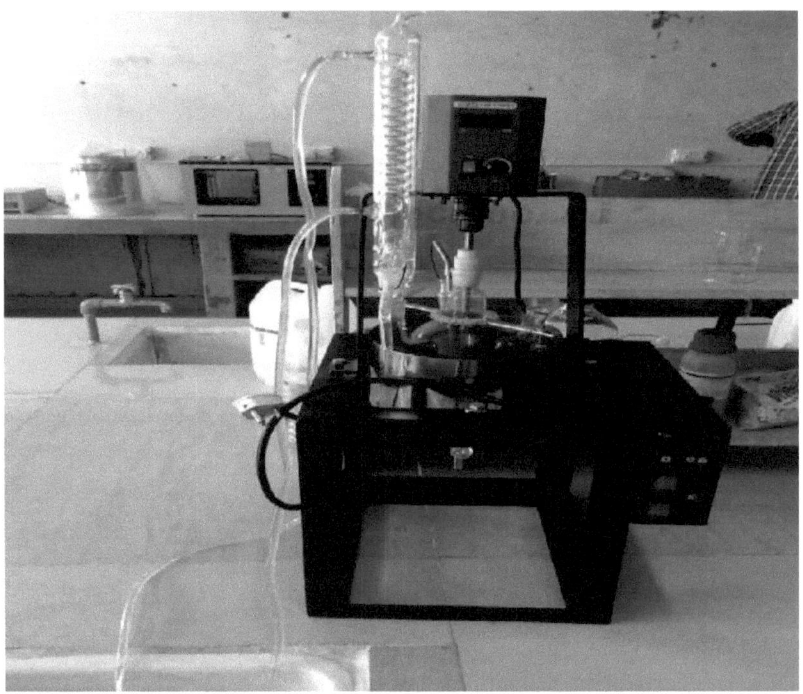

Fig 3.3Reactor de biodiesel

6. O separador por gravidade foi utilizado para separar o biodiesel e o glicerol. O óleo obtido a partir de A reação foi colocada num separador de gravidade durante 24 horas.

Fig 3.4 Biodiesel em funil de separação

7. A lavagem com água foi efectuada 3-4 vezes para remover a glicerina do biodiesel. Na lavagem com água, a água foi aquecida até 70^0C e depois adicionada ao biodiesel num separador por gravidade. Foi dado um intervalo de 24 horas entre as lavagens seguintes.

Fig 3.5após a lavagem com água

8. O biodiesel foi aquecido acima de 100^{0}C para remoção do conteúdo de água e metanol após o processo de lavagem.

Figura 3.6 Aquecimento do biodiesel

9. O éster metílico do óleo de farelo de arroz assim produzido foi caracterizado para determinar a sua aptidão para ser utilizado como combustível em motores diesel.

3.6 Configuração da experiência

Um motor diesel simples pode ser convertido em motor diesel bicombustível ligando um misturador de gás ao seu coletor de entrada, sendo ainda necessário instalar um mecanismo de controlo do combustível para limitar o fornecimento de combustível líquido. A potência de saída do motor é normalmente controlada através da variação do caudal de biogás. Para o presente estudo, utiliza-se um motor diesel a quatro tempos, monocilíndrico, arrefecido a ar.

Foi utilizado um analisador de cinco gases para medir a concentração de emissões gasosas, tais como hidrocarbonetos não queimados, monóxido de carbono, dióxido de carbono, nível de oxigénio e lambda. Os testes de desempenho e de emissões são efectuados no motor C.I. utilizando biogás e várias misturas de diesel-biodiesel como combustíveis. Os ensaios são realizados a uma velocidade constante de 1500 rpm. A experiência foi efectuada num motor de ignição por compressão a uma velocidade constante. O motor funcionou ao ralenti durante um determinado período de tempo. O ensaio foi efectuado variando a carga.

Avaliar comparativamente as caraterísticas de desempenho do motor de combustão interna que utiliza gasóleo e biogás para várias condições de carga como 20%, 40%, 60%, 80% e 100%, respetivamente. Além disso, o tempo de consumo de combustível pelo motor também foi registado para calcular o consumo específico de combustível em várias condições de carga. O volume de biogás também variou numa vasta gama em função das diferentes condições de carga. Foram calculados a eficiência térmica do travão, o consumo específico de combustível do travão, a potência do travão e o consumo de energia do travão.

Um banco de cargas é um dispositivo que desenvolve uma carga eléctrica, aplica a carga a uma fonte de energia eléctrica e converte ou dissipa a potência de saída resultante da fonte. O objetivo de um banco de carga é imitar com precisão a carga operacional ou "real" que uma fonte de energia verá na aplicação real. O banco de carga de cinco KW foi utilizado na configuração.

Um medidor de caudal de biogás é utilizado para calcular o caudal de biogás. Fornece a leitura direta do volume de biogás. As unidades são m^3/hora.

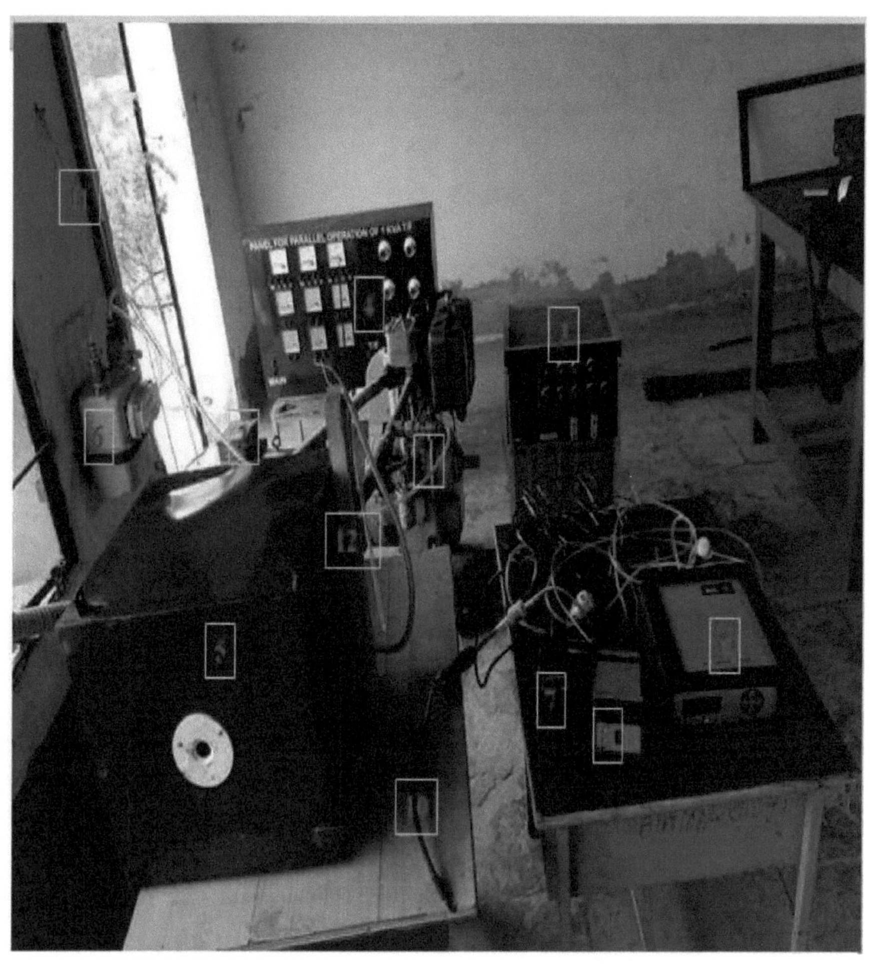

Fig 3.7 Fotografia direta da instalação experimental

Legenda: 1. Motor. 2. **Dínamo**. 3. Banco de cargas resistivas. 4. Painel de controlo elétrico. 5. Depósito de sobretensão de ar. 6.

Medidor de caudal de biogás. 7. Tacómetro digital. 8. **Termopar** de temperatura dos gases de escape. 9. Analisador de gases de escape AVL. 10. Sonda. 11. Bureta de medição do combustível. 12. Manómetro de tubo em U

Quadro 3.2 Especificação do motor

Parameters	Specifications
Engine	Fc Dod
Stroke Length	110mm
No Of Strokes	4
Cylinder Diameter	102mm
No Of Cylinder	1
Cooling Media	Air Cooled
Rated Capacity	6kw
Fuel	Diesel

3.7 Instalação experimental para testar as propriedades do biodiesel (AT A.I.E.T FARIDKOT)

As especificações dos combustíveis óleo de farelo de arroz, éster metílico de óleo de farelo de arroz e gasóleo mineral foram testadas em termos de propriedades, como a viscosidade cinemática a 40^0C (cSt), medida com um viscosímetro. O ponto de inflamação e o ponto de fogo foram medidos pelo aparelho Able'sflash, ponto de inflamação e o valor calorífico foi determinado por um calorímetro de bomba digital. O ponto de nuvem e o ponto de fluidez foram medidos com o aparelho de ponto de nuvem e ponto de fluidez.

3.7.1 Ácidos gordos livres (FFA)

Uma vez que os AGL podem causar saponificação em vez de produção de biodiesel, é importante conhecer o teor de AGL num lote de óleo e saber se é necessário tomar medidas para reduzir o teor para obter êxito no processo de transesterificação. O teor de AGL pode ser obtido através da utilização de uma titulação.

3.7.1.1 Cálculo do teor de ácidos gordos livres no óleo de farelo de arroz:

Procedimento:

1. Formação de uma solução 0,1N de KOH

i. Tomar 50 ml de água destilada.

ii. Foram adicionados 2,80582 g de KOH.

iii. Foram adicionados 450 ml de água à solução formada acima para formar um sol de KOH 0,1 N.

2. Titulação

i. Encher a bureta com uma solução 0,1N de KOH.

ii. Colocam-se 10 ml de etanol num erlenmeyer separado e adicionam-se 3 gotas de fenilfenoptileno, que funciona como indicador.

iii. O fluxo de uma solução 0,1N de KOH através da bureta foi interrompido num erlenmeyer contendo etanol e a mistura indicadora até a cor da solução ficar rosa. Isto significa que o etanol foi neutralizado.

iv. Foi adicionado 1,5 g de amostra de óleo de farelo de arroz para neutralizar o etanol.

v. Repetiu-se novamente o processo de titulação. As leituras inicial e final foram registadas na bureta.

3.7.2Cálculo do rendimento do óleo

Óleo de farelo de arroz cru utilizado = 500ml

$$\% \text{ FFA} = \frac{28.2 \times 0.1 \times 1}{1.5}$$

Composição normal da solução=0,1N

Leitura da bureta = 1ml

Tamanho da amostra = 1,5 g

FFA = 1,

rácio molar = 28,2

Assim, a percentagem de AGL era inferior a 2, pelo que se procedeu à transesterificação de base.

Biodiesel obtido após transesterificação =496ml (sem lavagem)

Rendimento = 99,2 % (sem lavagem)

Biodiesel obtido após lavagem com água=456 ml

Rendimento = 92%

3.7.3 Viscosidade do biodiesel

A viscosidade, que é uma medida da resistência ao fluxo de um líquido devido à fricção interna de uma parte de um fluido que se move sobre outra, afecta a atomização de um combustível após a sua injeção na câmara de combustão e, por conseguinte, em última análise, a formação de depósitos no motor. A viscosidade do óleo transesterificado, ou seja, o biodiesel, é cerca de uma ordem de grandeza inferior à do óleo de origem.

Limites e método: a viscosidade cinemática é medida de acordo com a norma ASTM D-445, sendo limitada a 1,9-6,0 mm^2s^{-1}.

3.7.3.1 Cálculo da viscosidade cinemática do éster metílico do óleo de farelo de arroz

Procedimento

1. Peso da garrafa vazia de gravidade específica m_1= 23,62gm
2. Peso da garrafa de gravidade específica com água m_2= 48,48gm

Figura 3.8 Aparelho de ensaio de viscosidade

3. Peso da garrafa de gravidade específica com óleo m_3= 44,55gm
4. Colocar agora a amostra de óleo no viscosímetro. Anotar o tempo t_1 que o óleo demora a passar pelo bolbo do viscosímetro.
5. Colocar agora a amostra de água no viscosímetro. Anote o tempo t_2 que a água demora a passar pelo bolbo do viscosímetro.

$$d_1 = \frac{m_3 - m_1}{m_2 - m_1} = \frac{44.55 - 23.65}{48.48 - 23.65} = 0.8417$$

$$\eta_1 = \frac{\eta_1 d_1 t_1}{d_2 t_2}$$

$$\eta_1 = \frac{12.61 \times 10^{-1} \times 0.8801 \times 161}{0.996232 \times 61}$$

$\eta_1 = 2.94 mm^2 s^{-1}$.

3.7.4 Propriedades do escoamento a baixa temperatura

Ponto de nuvem

A CP é a temperatura a que uma amostra de combustível começa a ficar turva, indicando que se começaram a formar cristais de cera que podem entupir os tubos e filtros de combustível no sistema de combustível de um veículo.

Limites e métodos: O CP é medido de acordo com as normas ASTM D-6751 e ASTM D-2500, utilizando o aparelho CP. Os limites não são indicados devido à variação das condições climatéricas nos diferentes países. **Ponto de fluidez**

O PP é definido como a temperatura à qual o combustível deixa de fluir. A cessação do fluxo resulta de um aumento da viscosidade ou da cristalização da cera do óleo.

Limites e métodos: é medido de acordo com as normas ASTM D-6751 e ASTM D-97, utilizando o aparelho PP. Na determinação do PP, a amostra é arrefecida num tubo de vidro sob condições prescritas e inspeccionada a intervalos de 3^0C até deixar de se mover quando a superfície é mantida verticalmente durante 65 segundos; o PP é então considerado como 3^0C acima da temperatura de cessação do fluxo.

3.7.4.1 Cálculo do ponto de nuvem, ponto de fluidez, utilizando o aparelho de ponto de fluidez de ponto de nuvem

Procedimento

1. Encher o aparelho de ponto nuvem com cubos de gelo.
2. Quatro tubos com diferentes amostras de óleos colocados entre cubos de gelo totalmente cheios no aparelho.

3. O gasóleo, o RBOME com NaOH, o KOH e o RBO foram colocados em tubos, tendo-se observado que o tamanho da amostra era de 33 ml.

4. As amostras foram controladas com um intervalo de 20 minutos.

5. Foram observados cristais de cera em diferentes amostras a diferentes temperaturas, conforme indicado abaixo.

Figura 3.9 Aparelho de ponto de fluidez de ponto de nuvem

Tabela 3.3 Ponto de fluidez e de turvação de diferentes combustíveis

Samples	Cloud point^{0}c	Pour point^{0}c
Diesel	3	-7
RBO	12	7
RBOME(NaOH)	7	2
RBOME(KOH)	4	-1

3.7.5Ponto de inflamação e ponto de fogo

O ponto de inflamação é definido como a temperatura mais baixa a que um combustível liberta vapores suficientes que, quando misturados com o ar, se inflamam momentaneamente. O ponto de inflamação do biodiesel é utilizado como mecanismo para limitar o nível de álcool não reagido que permanece no combustível acabado. É também importante para as precauções de segurança envolvidas no manuseamento e armazenamento do combustível.

Limites e métodos: o ponto de inflamação é medido de acordo com a norma ASTM D-93 e os limites variam entre 93^{0}C e 130^{0}C se o metanol não for medido diretamente.

3.7.5.1 Cálculo do ponto de inflamação e do ponto de inflamação utilizando o ponto de inflamação e o ponto de inflamação

aparelho

1. A dimensão da amostra foi utilizada no processo 73ml.
2. Foi utilizado óleo de rícino em vez de água porque o óleo de rícino tem um ponto de ebulição mais elevado para efeitos de aquecimento.
3. O fulgor dos vapores foi controlado a intervalos regulares.
4. A 186^{0}c observam-se vapores instantâneos.

Ponto de inflamação = 186^{0}C

Ponto de inflamação = 192^{0}C

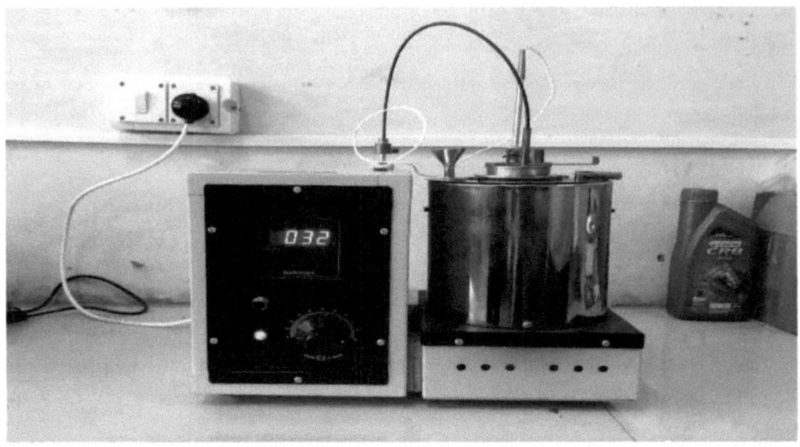

Figura 3.10 Ponto de inflamação deble, aparelho de ponto de inflamação

3.7.6Poder calorífico

O calor de combustão ou o poder calorífico de um combustível é uma medida importante, uma vez que é o calor produzido pelo combustível no interior do motor que permite ao motor efetuar o trabalho útil. O calor bruto de combustão das amostras de combustível foi determinado com a ajuda de um calorímetro de bomba isotérmico da marca widson scientific works. Uma amostra de combustível de 1 ml foi queimada na bomba do calorímetro na presença de oxigénio puro. A amostra foi inflamada eletricamente. À medida que o calor era produzido, o aumento da temperatura era medido. O equivalente de água (capacidade calorífica efectiva do calorímetro) foi também determinado utilizando ácido benzoico puro e seco como combustível de ensaio. Cada amostra foi repetida três vezes.

3.7.6.1 Cálculo do equivalente de água

I. Foram recolhidos 0,990 g de paletes de ácido benzoico.

II. Foi utilizada uma máquina de formação de cápsulas.

III. A cápsula foi colocada num cadinho.

IV. Para completar o circuito, foi utilizado um fio de nicrómio. Este foi ligado em ranhuras em ambas as extremidades

V. O fio foi colado no centro do fio e uma extremidade do fio foi ligada ao cadinho.

VI. O oxigénio medicinal foi introduzido na bomba a 200 psi com muito cuidado.

VII. A bomba foi recolhida cuidadosamente e colocada no recipiente do aparelho de calorimetria de bombas, que foi enchido com 2000 ml de água destilada.

VIII. Foi utilizado um agitador para uniformizar a temperatura da água.

IX. Todas as ligações dos fios foram efectuadas.

X. O termopar estava ligado.

XI. Após 7 minutos, o zero foi ajustado no registador e o botão de disparo foi acionado.

XII. O aumento da temperatura foi registado durante os 22 minutos seguintes ao incêndio.

XIII. 2.60^0c foi o aumento da temperatura.

E1 = Peso do fio de nicrómio = 2,8 mg

E2= fio de algodão = 0,07gm

H = poder calorífico do ácido benzoico = 6319cal/g

$$H = \frac{(weight\ of\ water\ (ml) + W) \times temp^0c}{weight\ of\ sample(g)} - (E1 + E_2)$$

$$6319cal/g = \frac{(2000\ (ml) + W) \times 2.60^0c}{0.990(g)} - (2.8mg + 70mg)$$

Equivalente de água (W) = $455cal/c^0$

Assim, o equivalente de água foi derivado acima. Por isso, foi utilizado para a amostra de gasóleo. O mesmo processo foi repetido para o gasóleo em vez do ácido benzoico. Ao repetir todo o processo para o óleo que substitui o ácido benzoico, o cadinho foi enchido com gasóleo.

O aumento da temperatura para o gasóleo foi de $2,38^0$ c.

3.7.6.2 Poder calorífico do gasóleo

Peso da amostra de gasóleo = 0,50gm

E_1 = Peso do fio de nicrómio = 2,8 mg

E_2= fio de algodão = 0,07gm

H = poder calorífico do gasóleo.

W = equivalente de água calculado acima = 455cal/c^0

$$H = \frac{(weight\ of\ water\ (ml)+W)\times temp^0c}{weigh\ \ of\ sample(g)} - (E1+E_2)$$

$$H = \frac{(2000+455)\times 2.38}{0.50\ (g)} - (2.8mg+70mg)$$

H = 42,6 mjoule

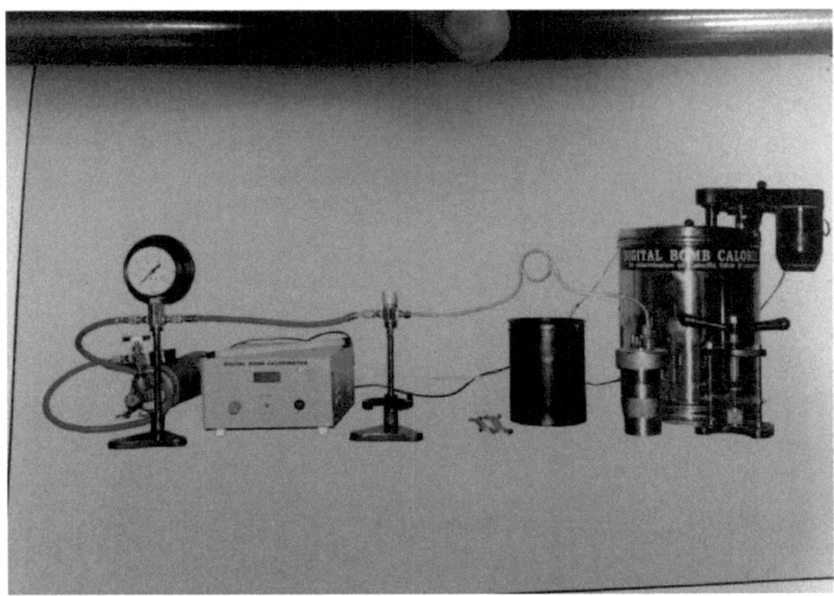

Fig.3.11Calorímetro de bomba digital

3.7.6.3 Poder calorífico da amostra de biodiesel (catalisador NaOH)

Peso da amostra de biodiesel = 0,50gm

E_1 = Peso do fio de nicrómio = 2,8 mg

E_2= Fio de algodão = 0,07gm

H = poder calorífico do biodiesel.

W = equivalente de água calculado acima = 455cal/c^0

$$H = \frac{(weight\ of\ water\ (ml)+W)\times temp^0c}{weight\ of\ sample(g)} - (E1+E_2)$$

H = 40,8 mjoule

Tabela 3.4 Poderes caloríficos de diferentes combustíveis

Oil samples	Calorific value
Diesel	42.6
RBOME(NaOH)	40.8
RBOME(KOH)	40

Tabela 3.5 Tabela de propriedades de diferentes combustíveis

Property	Test procedures	Diesel	Rice bran oil	RBOME (NaOH)	RBOME (KOH)
Specific gravity @ 30^0		0.839	0.92	0.83	0.83
Kinematic Viscosity @ 40^{0}C (cSt)	ASTM D445	3.18	43.52	2.94	2.22
Cloud Point (^{0}C)	ASTM D2500	6	12	7	4
Pour Point (^{0}C)		-7	7	2	-1
Flash Point (^{0}C)	ASTM D93	68	316	186	192
Fire Point (^{0}C)		103	337	192	198
Calorific Value (MJ/kg)	ASTM D 240	42.6	39.5	40.8	40

CAPÍTULO 4

RESULTADOS E DISCUSSÃO

Os ensaios de desempenho e de emissões são efectuados no motor de ignição por compressão em modo de duplo combustível, utilizando várias misturas de diesel-biodiesel como combustível piloto e biogás como combustível primário. O desempenho do motor é avaliado em termos de potência de travagem, consumo específico de combustível de travagem, consumo específico de energia de travagem, eficiência térmica de travagem. As emissões do motor são analisadas (HC, CO, CO_2, O_2 e lambda).

4.1 Análise do desempenho

Os parâmetros de desempenho do motor e as caraterísticas das emissões de gases de escape de um motor bicombustível em que o combustível primário é o biogás a um caudal fixo (3 kg/h) e misturas de B20, B40, B60 de biodiesel de farelo de arroz utilizado como combustível piloto, em comparação com o gasóleo.

4.1.1 Potência de travagem (BP)

Figura da potência de travagem (PB) em função da carga obtida durante o funcionamento do motor a duplo combustível

O motor em que o combustível primário é o biogás e as misturas de B20, B40, B60 de biodiesel de farelo de arroz utilizado como combustível piloto em comparação com o gasóleo é apresentado na figura 4.1.

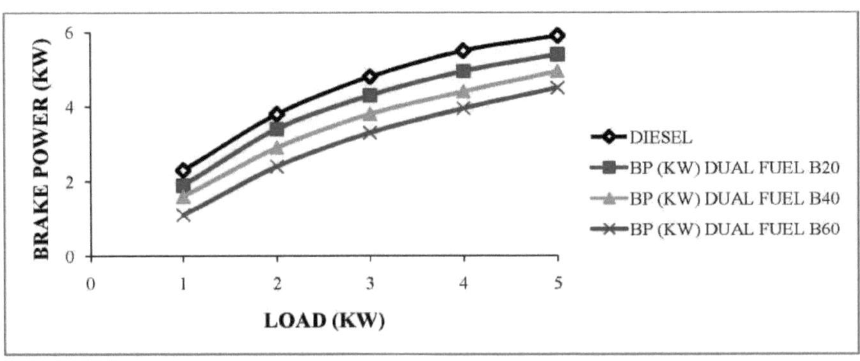

Figura4.1 Variação da potência de travagem com a alteração da carga

A potência de travagem do motor aumenta com o aumento da carga no motor. A potência de travagem é função do poder calorífico e do binário aplicado. A potência de travagem do diesel em todas as condições de carga é mais do que no modo bicombustível. O bicombustível B20 e B40 é superior ao bicombustível B60, uma vez que

apresentado na figura 4.1.

4.1.2 Consumo específico de combustível no travão líquido

A figura do consumo específico de combustível do travão de líquido em função da carga obtida durante o funcionamento de um motor bicombustível em que o combustível primário é o biogás a um caudal fixo e misturas de B20, B40, B60 de biodiesel de farelo de arroz utilizado como combustível piloto em comparação com o gasóleo foi apresentada em

figura 4.2.

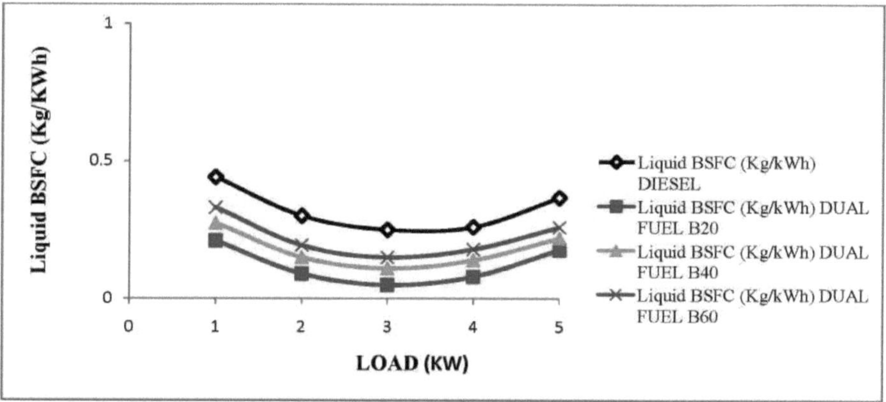

Figura 4.2 Variações do consumo específico de combustível líquido no travão com a variação da carga.

A BSFC líquida é definida como a quantidade de combustível consumida por cada unidade de potência de travagem por hora. A figura mostra que a BSFC líquida no caso do gasóleo é superior à do modo bicombustível. O combustível duplo em que o combustível piloto é o B20 tem um BSFC líquido inferior ao do B40 e do B60.

4.1.3Consumo bruto de combustível específico dos travões (GROSS BSFC)

Figura do consumo específico bruto de combustível no freio em função da carga obtida durante o funcionamento do motor

A figura 4.3 mostra o funcionamento de um motor bicombustível em que o combustível primário é o biogás e as misturas B20, B40 e B60 de biodiesel de farelo de arroz utilizadas como combustível piloto em comparação com o gasóleo.

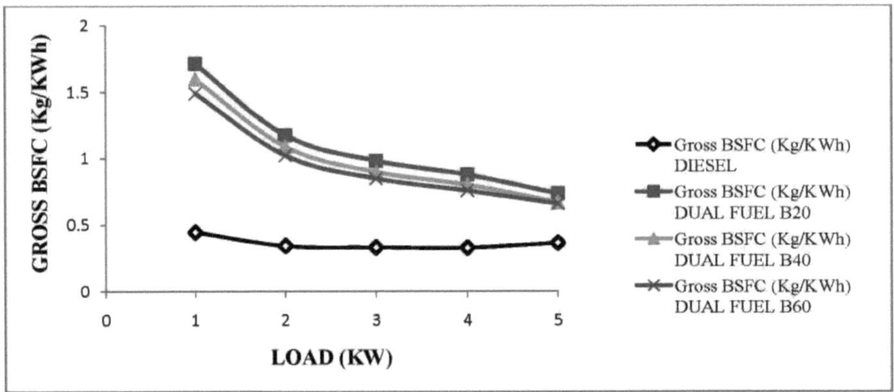

Figura 4.3Variações do consumo específico bruto de combustível no freio com a variação da carga

No modo de combustível único e no modo de combustível duplo, o BSFC diminui com o aumento da carga. Esta tendência foi observada devido ao facto de as misturas de biodiesel e biogás terem um valor de aquecimento inferior ao do gasóleo puro, pelo que foi necessária uma maior quantidade de misturas de biodiesel e biogás para manter uma potência constante. Porque o poder calorífico do biogás é inferior ao do gasóleo puro. A figura mostra que o combustível duplo com o combustível piloto B60 tem um BSFC bruto inferior ao das outras misturas de combustíveis duplos.

4.1.4 Consumo específico de energia do travão líquido (BSEC líquido) A figura do consumo específico de energia do travão líquido em função da carga obtida durante o funcionamento do motor bicombustível em que o combustível primário é o biogás e as misturas de B20, B40, B60 de biodiesel de farelo de arroz utilizado como combustível piloto em comparação com o gasóleo foi apresentada na figura 4.4.

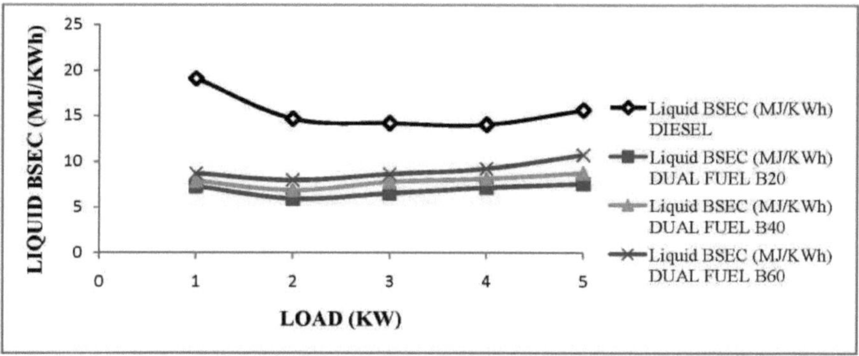

Fig 4.4Variação do consumo específico de energia do travão a líquido com a variação da carga

O BSEC líquido é definido como a energia de combustível líquido necessária para cada unidade de potência de travagem. A figura mostra que a BSEC líquida no caso do gasóleo é superior à do motor bicombustível. O bicombustível B20 tem uma BSEC líquida inferior à dos outros bicombustíveis misturados com B40 e B60.

4.1.5 Consumo bruto de energia específica do travão

A figura do consumo específico bruto de energia no freio em função da carga obtida durante o funcionamento do motor bicombustível em que o combustível primário é o biogás e as misturas de B20, B40, B60 de biodiesel de farelo de arroz utilizado como combustível piloto em comparação com o gasóleo foi apresentada na figura 4.5.

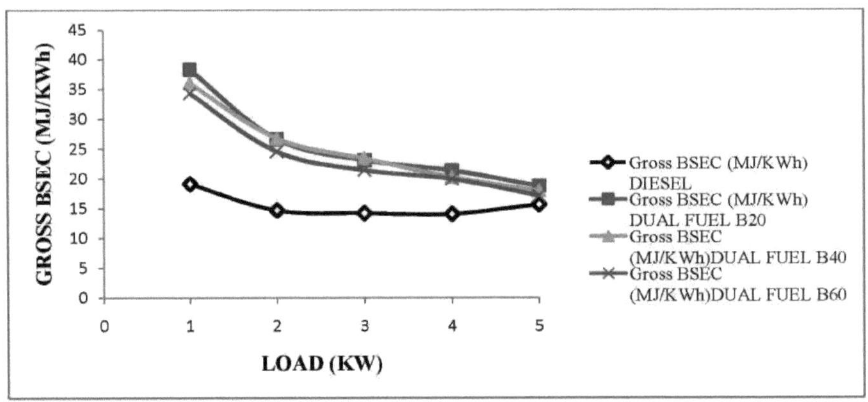

Figura 4.5Variações do consumo bruto de energia específica do travão com a variação da carga

No modo monocombustível e no modo bicombustível, o BSEC diminui com o aumento da carga. A figura mostra que a BSEC bruta no caso do gasóleo é inferior à do combustível duplo. Porque o poder calorífico do biogás é inferior ao do gasóleo puro. A figura mostra que a mistura de biocombustível com o combustível-piloto B60 tem menos CEEA bruta do que as outras misturas de biocombustível.

4.1.6 Eficiência térmica dos travões

A figura da eficiência térmica do travão em função da carga obtida durante o funcionamento do motor bicombustível em que o combustível primário é o biogás e as misturas de B20, B40, B60 de biodiesel de farelo de arroz utilizado como combustível piloto em comparação com o gasóleo é apresentada na figura 4.6

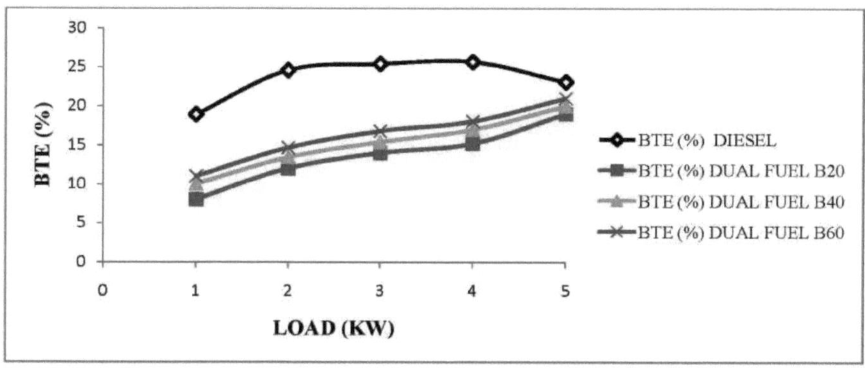

Figura 4.6 Variação da eficiência térmica dos travões com a alteração da carga

Em todos os casos de combustíveis duplos em que o combustível piloto é o biodiesel, a eficiência térmica do travão aumenta com o aumento da carga. Observa-se também que o gasóleo apresenta uma eficiência térmica ligeiramente mais elevada na maioria das cargas do que o éster metílico de óleo de farelo de arroz e as suas misturas. Os factores como os valores de aquecimento mais baixos e a viscosidade mais elevada do éster podem afetar o processo de formação da mistura e, por conseguinte, resultar numa combustão lenta, reduzindo assim a eficiência térmica da travagem. As moléculas do biodiesel (isto é, o éster metílico do óleo) contêm alguma quantidade de oxigénio, que participa no processo de combustão. O gasóleo tem um poder calorífico mais elevado do que o biogás. Assim, a eficiência térmica dos travões é superior à do biocombustível.

4.2 Análise das emissões

4.2.1 Emissões de HC

A variação dos hidrocarbonetos em função da carga para diferentes misturas de bicombustível B20, bicombustível B40 e bicombustível B60 é apresentada na figura 4.7.

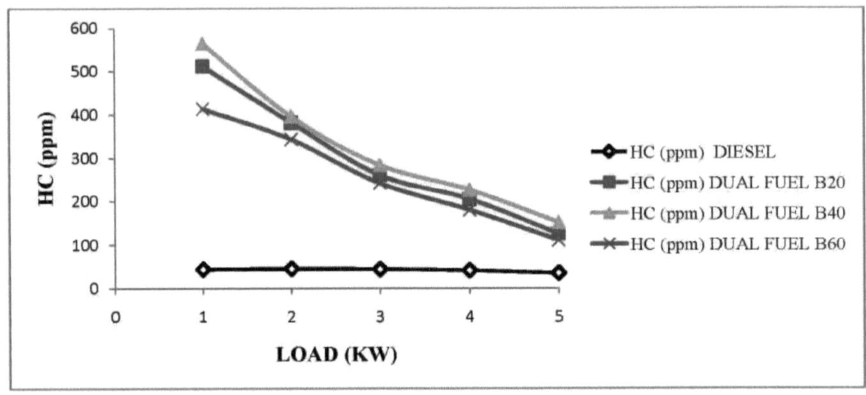

Figura 4.7 Variações de HC com a alteração da carga

A figura mostra que os hidrocarbonetos não queimados no modo dual são mais elevados em comparação com o gasóleo. Isto deve-se ao facto de o gasóleo ser mais pobre do que a mistura biogás-biodiesel. Esta maior emissão de HC deve-se à combustão incompleta do combustível. A indução de biogás através do coletor de admissão reduz o volume de ar induzido; por conseguinte, a combustão tem lugar com menos oxigénio, o que resulta em emissões de HC mais elevadas [27]. A figura 4.7 mostra que o B60 tem menos HC do que o B20 e o B40.

4.2.2 Emissões de CO

A variação do monóxido de carbono em função da carga para diferentes misturas de bicombustível B20, bicombustível B40 e bicombustível B60 é apresentada na figura 4.8.

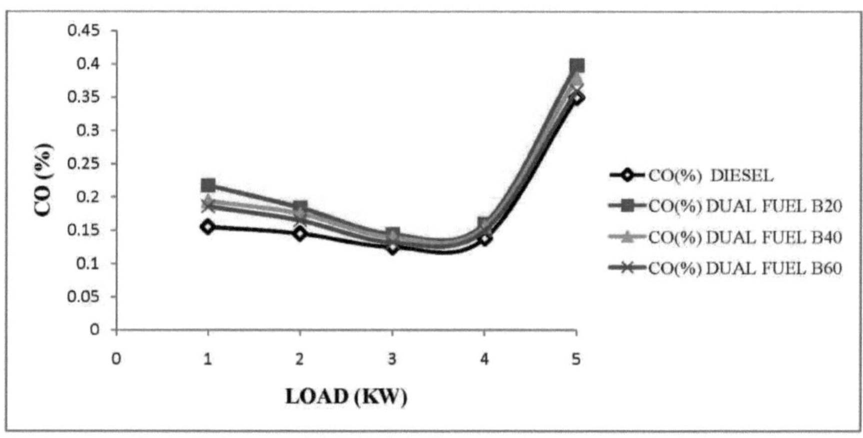

Figura 4.8 Variações do CO com a alteração da carga

O monóxido de carbono (CO) nos motores diesel é formado durante as fases intermédias da combustão. O monóxido de carbono diminui com o aumento do éster metílico do óleo de farelo de arroz e do biogás no combustível. As figuras mostram que, em carga mais baixa, as emissões de CO do gasóleo são menores do que as do biogás. A má formação da mistura de combustível gasoso e líquido pode também ser outra razão para a maior emissão de CO [28].

4.2.3 Emissões de CO_2

A variação do dióxido de carbono em função da carga para diferentes misturas de duplo combustível B20, duplo

combustível B40 e bicombustível B60 é apresentado na figura 4.9.

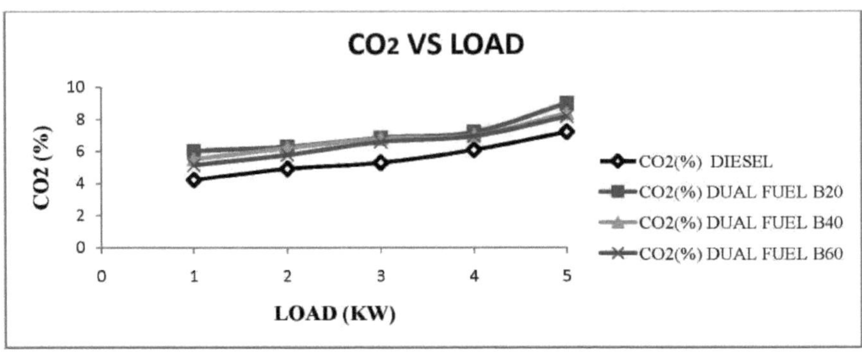

Figura4.9Variações do CO_2 com a alteração da carga

A figura mostra que as emissões de CO_2 do gasóleo são menores em carga baixa do que as do combustível duplo. Em plena carga, as emissões de CO_2 do gasóleo são superiores às do combustível duplo. Entre as misturas bicombustíveis, a B60 tem menos CO_2 do que as outras misturas bicombustível B40 e bicombustível B20. A emissão de CO_2 é uma indicação da combustão completa do combustível na câmara de combustão com a presença de excesso de oxigénio [28].

4.2.4 Emissões de O_2

A variação do oxigénio em função da carga para diferentes misturas de duplo combustível B20, duplo combustível B40 e

bicombustível B60 é apresentado na figura 4.10.

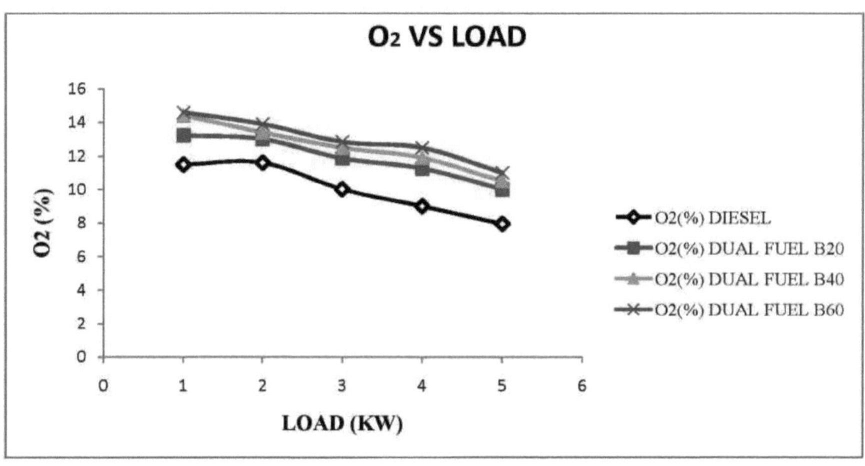

Figura4.10 Variações de O_2 com a alteração da carga

As figuras mostram que as emissões de O_2 do gasóleo diminuem com o aumento da carga, em comparação com o modo de combustível duplo. O bicombustível B60 tem emissões de O_2 mais elevadas do que as outras misturas, o bicombustível B20 e o bicombustível B40, porque o biodiesel contém mais oxigénio do que o gasóleo.

4.2.5 Lambda

Variação do lambda em função da carga para diferentes misturas de combustível duplo B20 e combustível duplo B40,

e bicombustívelB60 é mostrado na figura.4.11.

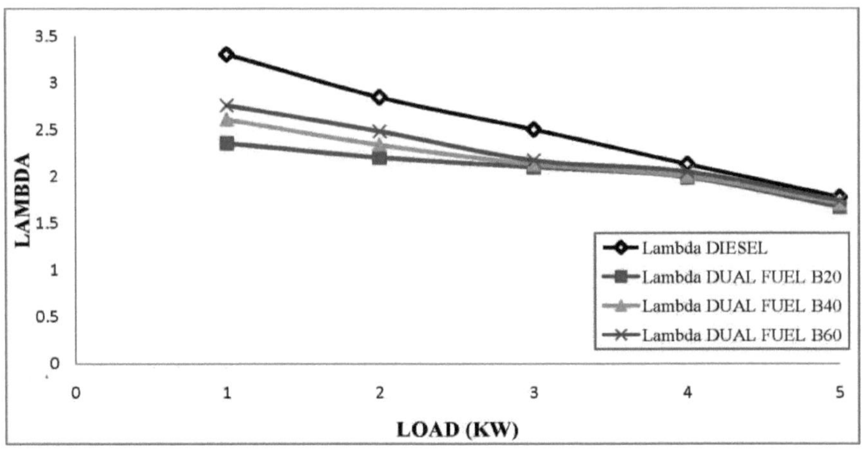

Fig. 4.11 Variação do lambda com a alteração da carga

Lambda representa a relação entre a quantidade de oxigénio realmente presente numa câmara de combustão e a quantidade que deveria estar presente para obter uma combustão "perfeita". Assim, quando uma mistura contém exatamente a quantidade de oxigénio necessária para queimar a quantidade de combustível presente, a relação será de um para um (Ll) e lambda será igual a 1,00. Se a mistura contiver demasiado oxigénio para a quantidade de combustível (uma mistura pobre), o lambda será superior a 1,00. Se a mistura contiver demasiado pouco oxigénio para a quantidade de combustível (mistura rica), o lambda será inferior a 1,00. A figura mostra que B20 dá melhores resultados lambda do que B40 e B60.

4.3 Análise de desempenho (com diferentes caudais de biogás)

Os parâmetros de desempenho do motor e as caraterísticas das emissões de gases de escape de um motor bicombustível em que o combustível primário é o biogás a diferentes caudais em comparação com o combustível piloto diesel.

4.3.1 Potência de travagem (BP)

Figura da potência de travagem (BP) em função da carga obtida durante o funcionamento do motor bicombustível, em que o combustível primário é o biogás a diferentes caudais, em comparação com o combustível piloto gasóleo, apresentada na figura 4.12

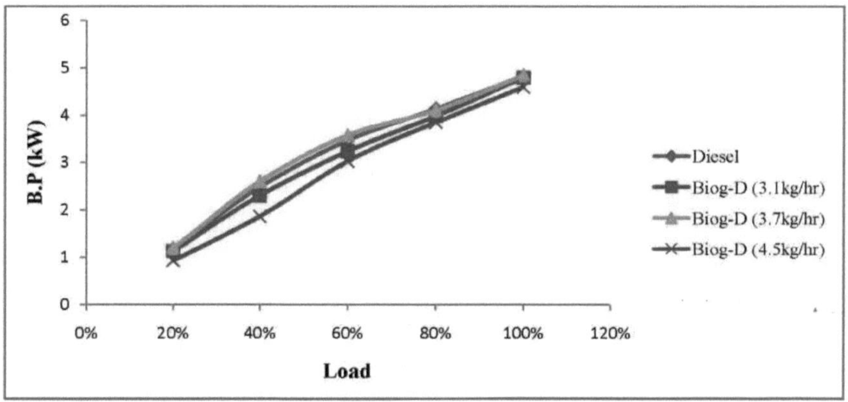

Figura 4.12Variações da potência de travagem com a variação da carga

A potência de travagem do motor aumenta com o aumento da carga no motor. A potência de travagem é função do poder calorífico e do binário aplicado. O gasóleo tem um poder calorífico mais elevado do que o biodiesel e o biogás, pelo que o gasóleo tem a potência de travagem mais elevada entre as diferentes misturas de combustível duplo. O modo bicombustível com um caudal de 3,7 kg/hora tem uma potência de travagem mais elevada do que os outros dois caudais de biogás.

4.3.2 Consumo específico de combustível no travão líquido

Figura do consumo específico de combustível do travão de líquido em função da carga obtida durante o funcionamento do motor bicombustível em que o combustível primário é o biogás a diferentes caudais em comparação com o combustível-piloto diesel, apresentada na figura 4.13

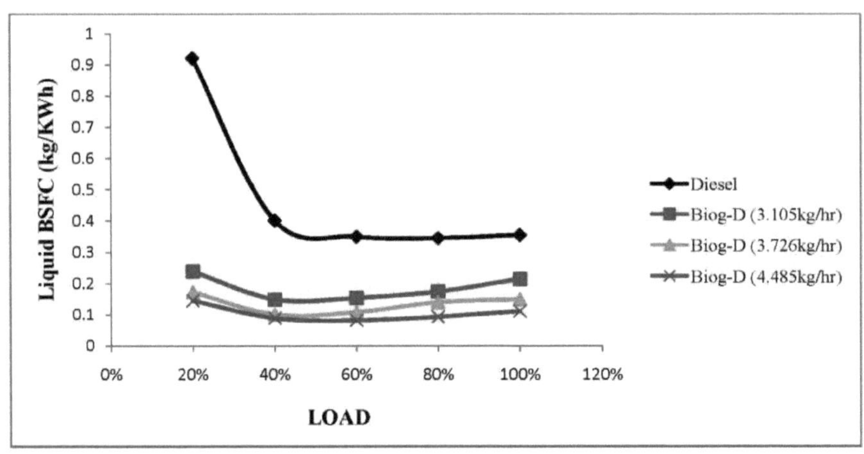

Figura 4.13 Variações do consumo específico de combustível líquido no travão com a alteração da carga.

Para todas as misturas e petrodiesel testados, o BSFC líquido diminuiu com o aumento da carga. Uma explicação possível para esta redução é a maior percentagem de aumento da potência de travagem com a carga, em comparação com o consumo de combustível. O gasóleo tem um valor mais elevado de BSFC líquido do que as misturas bicombustíveis, como mostra a figura 4.13. medida que o caudal de biogás aumenta, o BSFC líquido diminui, como mostra a figura.

4.3.3Consumo bruto de combustível específico dos travões (GROSS BSFC)

A figura do consumo específico bruto de combustível no freio em função da carga obtida durante o funcionamento do motor bicombustível em que o combustível primário é o biogás a diferentes caudais em comparação com o combustível piloto diesel é apresentada na figura 4.14.

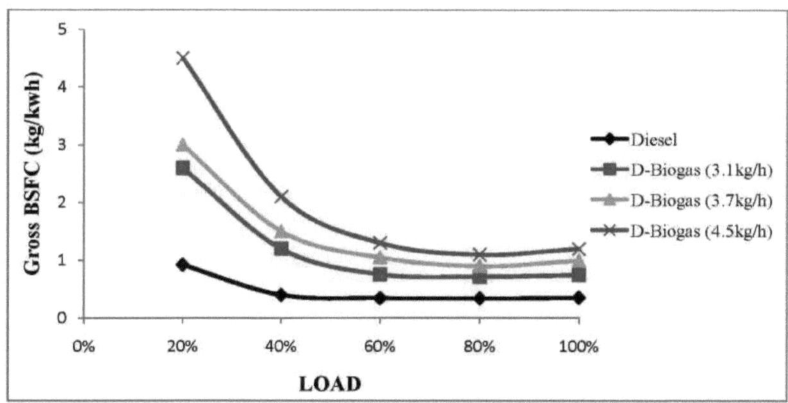

Figura 4.14Variações do consumo específico bruto de combustível ao travão com a alteração das cargas

Para o modo de combustível único e o modo de combustível duplo, o BSFC diminui com o aumento da carga. Esta tendência foi observada devido ao facto de as misturas de gasóleo e biogás terem um valor de aquecimento inferior ao do gasóleo puro, pelo que foi necessária uma maior quantidade de misturas de gasóleo e biogás para manter uma potência constante. O gráfico mostra que o BSFC bruto no caso do gasóleo é inferior ao do combustível duplo. Porque o poder calorífico do biogás é inferior ao do gasóleo puro. A figura mostra que o gasóleo tem um consumo específico de combustível bruto inferior ao do modo bicombustível.

4.3.4 Consumo específico de energia do travão líquido (BSEC líquido)

Figura do consumo específico de energia no freio líquido em função da carga obtida durante o funcionamento do motor bicombustível em que o combustível primário é o biogás a diferentes caudais em comparação com o combustível-piloto diesel, apresentada na figura 4.15

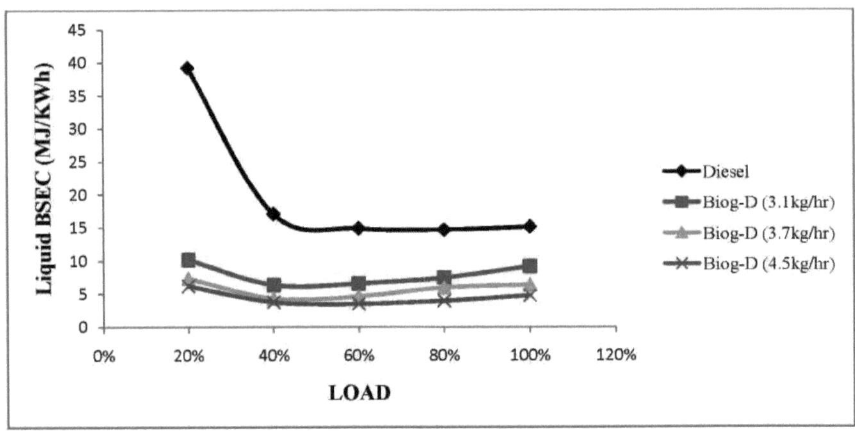

Figura 4.15 Variação do consumo específico de energia do travão a líquido com a alteração da carga

O BSEC líquido é definido como a energia de combustível líquido necessária para cada unidade de potência de travagem. As figuras mostram que o gasóleo tem um BSEC líquido mais elevado do que o modo de duplo combustível. Entre os três caudais de biogás no modo bicombustível, 4,5 kg/hora têm um BSEC líquido mais baixo do que estes dois.

4.3.5 Consumo bruto de energia específica do travão

A figura do consumo específico bruto de energia no freio em função da carga obtida durante o funcionamento do motor bicombustível em que o combustível primário é o biogás a diferentes caudais em comparação com o combustível piloto diesel é apresentada na figura 4.16.

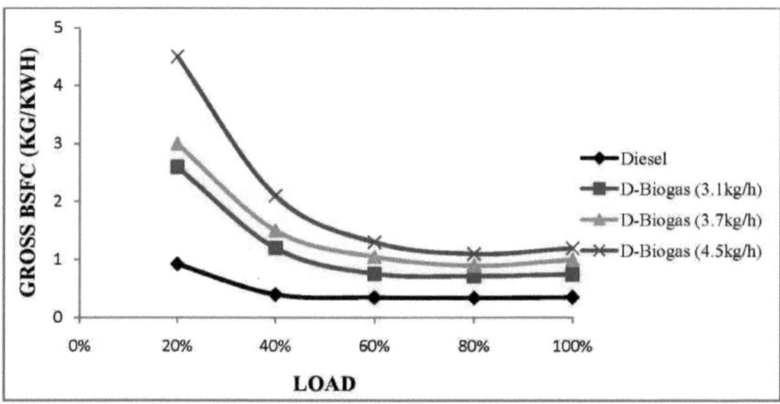

Figura 4.16 Variações do consumo bruto de energia específica do travão com a mudança em carga

Para o modo monocombustível e o modo bicombustível, a CEMN diminui com o aumento da carga. A figura mostra que o gasóleo tem uma BSEC mais baixa do que o modo de combustível duplo. Nas cargas mais elevadas, o modo de combustível duplo tem uma BSEC semelhante ao modo simples, porque o valor calorífico do biogás é inferior ao do gasóleo puro. Entre os diferentes caudais, o caudal de 4,5 kg/hora tem uma CEMN quase semelhante à do gasóleo a cargas mais elevadas.

4.3.6 Eficiência térmica dos travões

A figura da eficiência térmica do travão em função da carga obtida durante o funcionamento do motor bicombustível em que o combustível primário é o biogás a diferentes caudais em comparação com o combustível piloto diesel é apresentada na figura 4.17.

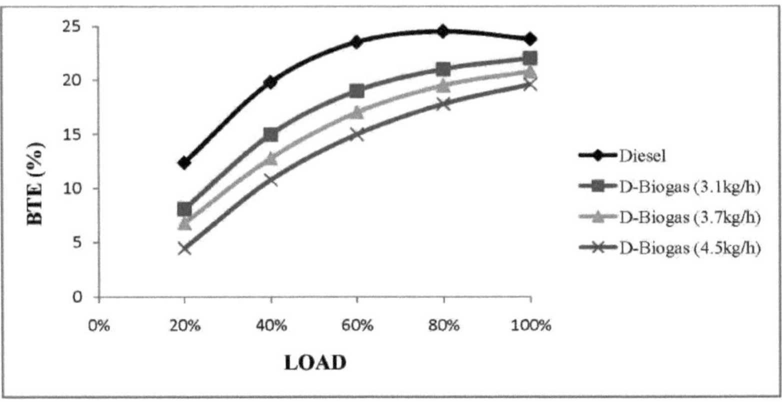

Figura 4.17 Variações da eficiência térmica do travão com a alteração da carga

Em todos os casos, a eficiência térmica do travão aumenta com o aumento da carga. Este facto pode ser atribuído à redução da perda de calor e ao aumento da potência com o aumento da carga. O biogás tem um poder calorífico inferior ao do gasóleo. Assim, a eficiência térmica do modo bicombustível é inferior à do gasóleo. Para um caudal inferior de biogás, a eficiência térmica da travagem é superior à de um caudal superior.

4.4 Análise das emissões

4.4.1 Emissões de HC

A variação de hidrocarbonetos em função da carga para diferentes caudais de biogás em combustível duplo em comparação com o gasóleo é apresentada na fig. 4.18.

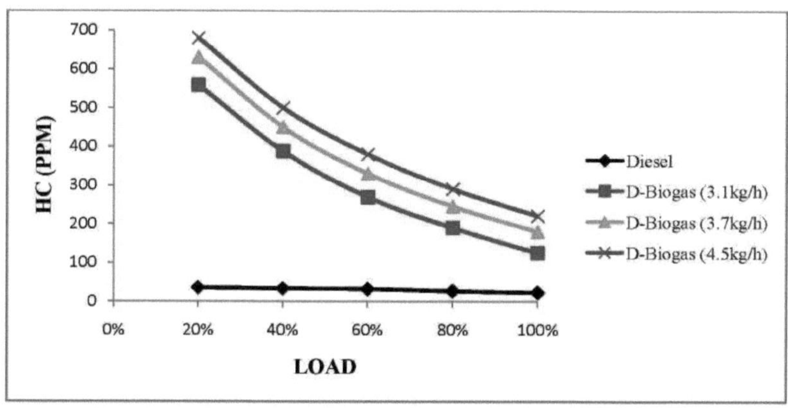

Figura4.18 Variações de HC com a alteração da carga

A figura mostra que os hidrocarbonetos não queimados no modo dual são mais elevados do que no modo diesel, o que se deve ao facto de o diesel ser mais pobre do que a mistura biogás-biodiesel. Esta maior emissão de HC deve-se à combustão incompleta do combustível. A indução de biogás através do coletor de admissão reduz o volume de ar induzido; por conseguinte, a combustão tem lugar com menos oxigénio, o que resulta em emissões mais elevadas de HC A Figura 4.18 mostra que, quando o caudal de biogás aumenta, a emissão de hidrocarbonetos não queimados é maior.

4.4.2 Emissões de CO

A variação do monóxido de carbono em função da carga para diferentes caudais em comparação com o combustível piloto diesel é mostrada na figura 4.19.

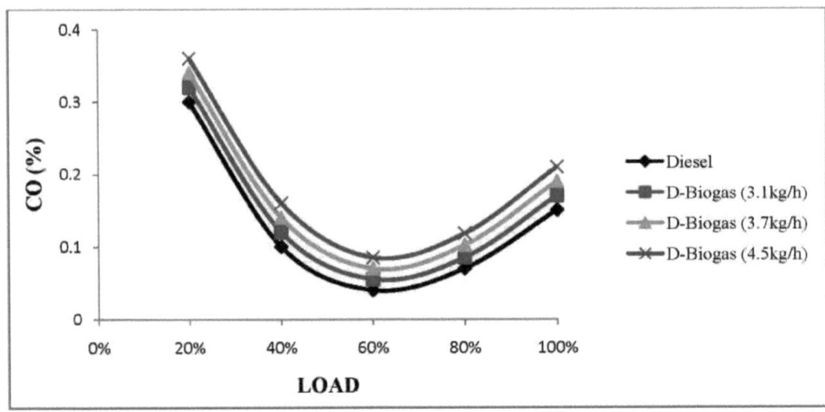

Figura4.19Variações do CO com a variação da carga

O monóxido de carbono (CO) nos motores diesel forma-se durante as fases intermédias da combustão. O motor diesel funciona bem no lado pobre da razão estequiométrica, o que se deve à combustão incompleta causada pela diluição da carga pelo CO_2 presente no biogás e pela deficiência de oxigénio. Isto deve-se à combustão incompleta causada pela diluição da carga pelo CO_2 presente no biogás e pela deficiência de oxigénio. Assim, a chama formada na região de ignição do combustível piloto é normalmente suprimida e não prossegue até que a mistura biogás-combustível-ar atinja um valor mínimo limite para a auto-ignição [27, 29]. A má formação da mistura de combustível gasoso e líquido pode também ser outra razão para a maior emissão de CO [28].

4.4.3 Emissões de CO_2

A variação do dióxido de carbono em função da carga para diferentes caudais em comparação com o combustível piloto diesel é mostrada na figura 4.20.

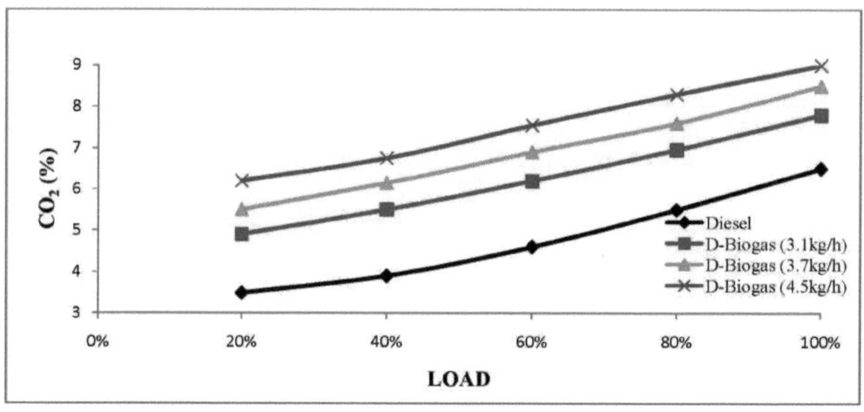

Figura4.20 Variações do CO_2 com a alteração da carga

A figura mostra que as emissões de CO2 no caso do gasóleo são inferiores às do modo bicombustível em todas as cargas. Quando o caudal de biogás aumenta, as emissões de CO_2 também aumentam. A emissão de CO_2 é uma indicação da combustão completa do combustível na câmara de combustão com a presença de excesso de oxigénio[28]. A emissão de CO_2 específica do travão para todos os combustíveis de ensaio mostra uma tendência crescente de vazio para plena carga. Com efeito, em vazio, o consumo de combustível do motor é inferior ao de plena carga e a disponibilidade de ar na câmara de combustão é suficiente para efetuar uma combustão completa, o que é praticamente impossível a plena carga. O funcionamento com dois combustíveis apresenta uma emissão de CO_2 inferior à do gasóleo. Isto deve-se à deficiência de oxigénio, à temperatura mais baixa da câmara de combustão e ao menor tempo de combustão, o que leva a uma combustão incompleta, causando menos emissões de CO_2 [30, 31]. A plena carga, o gasóleo apresenta uma emissão de CO_2 mais elevada, de cerca de 24%, do que o funcionamento a duplo combustível.

4.4.4 Emissões de O_2

A variação do oxigénio em função da carga a diferentes caudais em comparação com o combustível piloto diesel é mostrada na figura 4.21.

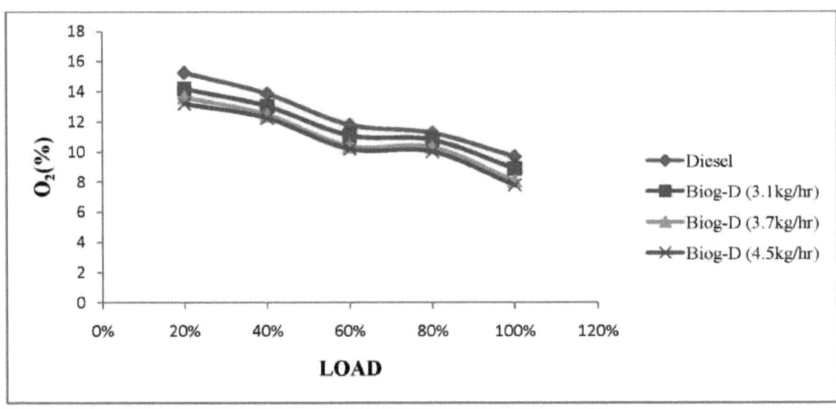

Figura4.21 Variações de o2 com a alteração da carga

A figura mostra que, com menos carga, as emissões de o2 do gasóleo são superiores às do biocombustível e que, quando a carga aumenta, as emissões de o2 também diminuem. Quando o caudal aumenta, as emissões de o2 diminuem com o aumento da carga, porque o biogás não contém qualquer teor de oxigénio. Assim, as emissões de oxigénio são menores no modo de combustível duplo do que no modo de combustível simples.

4.4.5Lambda

A variação do lambda em relação à carga a diferentes caudais em comparação com o combustível piloto diesel é mostrada na figura 4.22.

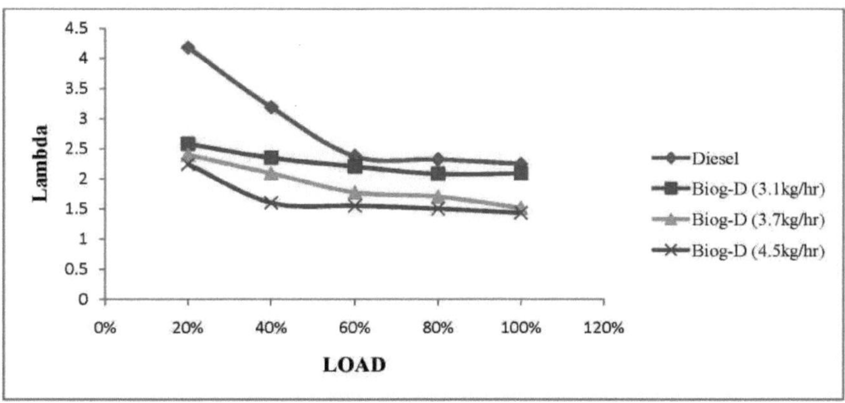

Figura 4.22 Variações de lambda com a alteração da carga

O lambda representa a relação entre a quantidade de oxigénio efetivamente presente numa câmara de combustão e a quantidade que deveria estar presente para se obter uma combustão "perfeita". Assim, quando uma mistura contém exatamente a quantidade de oxigénio necessária para queimar a quantidade de combustível presente, o rácio será de um para um. A figura mostra que o valor de lambda para o modo diesel é superior ao do modo duplo em diferentes condições de carga. Quando o caudal no modo de duplo combustível aumenta, o valor de lambda diminui com o aumento da carga.

CAPÍTULO 5

5.1 CONCLUSÃO E ÂMBITO DO TRABALHO FUTURO

Foram efectuados estudos globais baseados na produção, caraterização do combustível, desempenho do motor e emissões de escape de diferentes misturas de biodiesel de éster metílico de farelo de arroz e biogás a taxas de fluxo fixas e diferentes. Podem ser tiradas as seguintes conclusões:

- A recuperação de ésteres por transesterificação de óleo de farelo de arroz com metanol é afetada por parâmetros do processo, como a concentração do catalisador e a temperatura da reação.
- Verificou-se que o biodiesel de óleo de farelo de arroz tem um ponto de inflamação e um ponto de fogo mais elevados do que os do gasóleo mineral.
- O biodiesel de óleo de farelo de arroz não é tóxico, é biodegradável, não prejudica o ambiente, é um combustível renovável e não contribui para o aquecimento global.
- Os resultados gráficos mostram que as caraterísticas de desempenho do modo de combustível duplo para todas as misturas de biodiesel são quase semelhantes às do gasóleo em todas as cargas no modo de combustível fixo e duplo com diferentes caudais de biogás. Entre as três misturas de biodiesel B20, B40, B60 no modo de duplo combustível de caudal fixo de biogás, o duplo combustível B40 apresenta o melhor desempenho. Com diferentes caudais de biogás no modo de combustível duplo, o caudal de 3,1 kg/h dá melhor desempenho do que 4,48 kg/h, 3,72 kg/h.
- Os resultados gráficos também mostram que as emissões de monóxido de carbono (CO) e dióxido de carbono (CO_2) do modo de combustível duplo B40 são inferiores às do motor alimentado com outras misturas. No modo bicombustível, o caudal de 3,1 kg/h dá melhores emissões do que 4,48 kg/h e 3,72 kg/h. As emissões de oxigénio (O_2) são superiores às do gasóleo em ambos os casos

  modo bicombustível utilizando uma mistura de biodiesel com um caudal fixo de biogás.

5.2 ÂMBITO DE TRABALHO FUTURO

A presente investigação incide sobre a análise do desempenho e das emissões de um motor diesel monocilíndrico com biodiesel de farelo de arroz e biogás em modo de duplo combustível. Esta secção descreve algumas áreas de investigação possíveis para estudos futuros.

(1) As misturas preparadas para este trabalho de projeto foram utilizadas num curto espaço de tempo. Assim, a estabilidade a longo prazo das misturas não foi estudada. Por conseguinte, existe a possibilidade de estudar a estabilidade a longo prazo das misturas.

(2) Foram realizados trabalhos recentes sobre motores diesel monocilíndricos; são necessários mais trabalhos sobre motores diesel multicilíndricos.

(3) O biodiesel pode ser introduzido como aditivo ou misturas de combustível para motores diesel (B20, B40 e B60) e não como único combustível para motores diesel (B100).

REFERÊNCIAS

[1]. Henham A, Makkar MK. Combustion of simulated biogas in a dual-fuel diesel engine. Energy Convers Manag 1998;39(16e18):2001e9.

[2]. Yoon SH, Lee CS. Investigação experimental sobre as caraterísticas de combustão e emissão de gases de escape da combustão de biogás e biodiesel de duplo combustível num motor CI. Fuel Process Technol 2011;92(5):992e1000.

[3]. Sahoo BB. Potencial do mecanismo de desenvolvimento limpo dos motores diesel de ignição por compressão que utilizam combustíveis gasosos em modo de combustível duplo. Tese de doutoramento. Guwahati, Índia: Centro de Energia, IIT; 2011.

[4]. Von-Mitzlaff K. Engines for biogas e theory, modification, economic operation. Uma publicação do DeutschesZentrum fur Entwicklungstecknologien, GTZ Gate; 1988.

[5]. B.J. Bora, U.K. Saha / Renewable Energy 81 (2015) 490-498Avaliação comparativa de um motor diesel bicombustível a biogás com éster metílico de óleo de farelo de arroz, éster metílico de óleo de pongâmia e éster metílico de óleo de palma como combustíveis piloto.

[6]. A.K. Agarwal / Progress in Energy and Combustion Science 33 (2007) 233-271 Aplicações de biocombustíveis (álcoois e biodiesel) como combustíveis para motores de combustão interna

[7]. B.S. Chauhan et al. / Energy 37 (2012) 616-622 Um estudo sobre o desempenho e as emissões de um motor a gasóleo alimentado com óleo de biodiesel de Jatropha e suas misturas.

[8]. M.F. Demirbas et al. / Energy Conversion and Management 50 (2009) 1746-1760 Potencial contribuição da biomassa para o desenvolvimento sustentável da energia

[9]. Jiang Chang-qiu, Liu Tian-wei&ZhonJian-li. / Biomass 20(1989) 53-59 A study on compressed Biogas and its application to the compression ignition Dual-Fuel Engine

[10]. Bio-system engineering 114(2013) 55-59 Remoção de sulfureto de hidrogénio do biogás por esponja de ferro de base biológica.

[11].Bhabaniprasannapattanaik (IJEE), Volume 4, Edição 2, 2013, pp.279-290 Investigação sobre a utilização de biogás e biodiesel de óleo de Karanja em modo de combustível duplo num motor diesel DI de um cilindro

[12].DebabrataBarik (IJETAE) 2013 193-202 PRODUÇÃO E ARMAZENAMENTO DE BIOGÁS PARA ALIMENTAR MOTORES DE COMBUSTÃO INTERNA

[13]. N.N. Mustafi et al. / Fuel 109 (2013) 669-678 Caraterísticas da combustão e das emissões de um motor bicombustível que funciona com combustíveis gasosos alternativos

[14].Demirbas/ Applied Energy 86 (2009) S108-S 117 Impactos políticos, económicos e ambientais dos biocombustíveis: A review

[15]. B.B. Sahoo et al. / Renewable and Sustainable Energy Reviews 13 (2009) 1151-1184 Effect of engine parameters and type of gaseous fuel on the performance of dual-fuel gas diesel engines-A critical review

[16]. K.A. Subramanian et al. / Biomass and Bio-energy 29 (2005) 65-72 Utilization of liquid biofuels in automotive diesel engines: Uma perspetiva indiana

[17]. N. Tippayawong Bio system engineering 98(2007)26-32 Long-term operation of a small biogas/diesel dual-fuel engine for on-farm electricity generation

[18]. Abdelaal MM, Rabee BA, Hegab AH. Efeito da adição de oxigénio ao ar de admissão no desempenho de um motor bicombustível, emissões e tendência para bater. Energia 2013;61:612e20.

[19]. Papagiannakis RG, Kotsiopoulos PN, Zannis TC, Yfantis EA, Hountalas DT, Rakopoulos CD. Theoretical study of the effects of engine parameters on performance and emissions of a pilot ignited natural gas diesel engine. Energia 2010;35:1129e38.

[20]. Mustafi NN, Raine RR. A study of the emissions of a dual fuel engine operating with alternative gaseous fuels; 2008. Documento SAE 1394.

[21]. Weiland P. Biogas production: current state and perspectives. ApplMicrobiolBiotechnol 2010;85:849e60.

[22]. Bagi Z, Acs N, Balint B, Hovrath L, Dobo K, Perei KR, et al. Biotechnological intensification of biogas production. ApplMicrobiolBiotechnol 2007;76: 473e82

[23]. S. Sinha et al. / Energy Conversion and Management 49 (2008),pp 1251

[24]. Hariram.V e G.Mohan Kumar, Análise de Combustão de Éster Metílico de Óleo de Algas em um Motor de Ignição por Compressão de Injeção Direta, Journal of Engineering Science and Technology, 8 (1), (2013) 77-92.

[25]. Holman J.B, Experimental techniques for engineers, McGraw-Hill publications, New York, USA (1992).

[26]. Subhan Kumar Mohanty, A produção de biodiesel a partir de óleo de farelo de arroz e experimentação em motor diesel de pequena capacidade, International Journal of Modern Engineering Research, 3(2), (2013), 920-923.

[27] Papagiannakis RG, Kotsiopoulos PN, Zannis TC, Yfantis EA, Hountalas DT, Rakopoulos CD. Estudo teórico dos efeitos dos parâmetros do motor no desempenho e nas emissões de um motor diesel a gás natural com ignição piloto. Energia 2010;35:1129e38.

[28].Mustafi NN, Raine RR. A study of the emissions of a dual fuel engine operatingwith alternative gaseous fuels; 2008. Documento SAE 1394.

[29].Abdelaal MM, Rabee BA, Hegab AH. Efeito da adição de oxigénio ao ar de admissão no desempenho, emissões e tendência de batida do motor bicombustível. Energia 2013;61:612e20.

[30].Karim GA. A review of combustion processes in the dual fuel engine e the gasdiesel engine. Prog Energy Combust Sci 1980;6:277e85.

[31]. Wu HW, Wang RH, Chen YC, Ou DJ, Chen TY. Influência do etanol ou da gasolina induzidos pelo porto na combustão e emissão de um motor diesel de ciclo fechado. Energia 2014;64:259e67.

yes
I want morebooks!

Buy your books fast and straightforward online - at one of world's fastest growing online book stores! Environmentally sound due to Print-on-Demand technologies.

Buy your books online at
www.morebooks.shop

Compre os seus livros mais rápido e diretamente na internet, em uma das livrarias on-line com o maior crescimento no mundo! Produção que protege o meio ambiente através das tecnologias de impressão sob demanda.

Compre os seus livros on-line em
www.morebooks.shop

info@omniscriptum.com
www.omniscriptum.com

Printed by Books on Demand GmbH, Norderstedt / Germany